U0312470

"十一五"国家重点图书出版规划

环 境 经 济 核 算 丛 书

中国环境经济核算研究报告
（2005—2006）

Chinese Environmental and Economic
Accounting Report 2005—2006

王金南　於　方　曹　东　赵　越　等著

中国环境出版社·北京

图书在版编目（CIP）数据

中国环境经济核算研究报告. 2005—2006 / 王金南等著.
—北京：中国环境出版社，2013.8
（环境经济核算丛书）
ISBN 978-7-5111-1050-3

Ⅰ．①中… Ⅱ．①王… Ⅲ．①环境经济—经济核算—
研究报告—中国—2005—2006 Ⅳ．①X196

中国版本图书馆 CIP 数据核字（2013）第 138530 号

出 版 人　王新程
策　　划　陈金华
责任编辑　陈金华
责任校对　唐丽虹
封面设计　玄石至上

出版发行　**中国环境出版社**
（100062　北京市东城区广渠门内大街 16 号）
网　　址：http://www.cesp.com.cn
电子邮箱：bjgl@cesp.com.cn
联系电话：010-67112765（编辑管理部）
　　　　　010-67113412（教材图书出版中心）
发行热线：010-67125803，010-67113405（传真）
印　　刷　北京市联华印刷厂
经　　销　各地新华书店
版　　次　2013 年 8 月第 1 版
印　　次　2013 年 8 月第 1 次印刷
开　　本　787×960　1/16
印　　张　12.25
字　　数　190 千字
定　　价　40.00 元

以科学和宽容的态度对待"绿色GDP"核算

（代总序）

自 1978 年中国改革开放 35 年来，中国的 GDP 以平均每年 9.8% 的高速度增长，中国创造了现代世界经济发展的奇迹。但是，西方近 200 年工业化产生的环境问题也在中国近 20 年期间集中爆发了出来，环境污染正在损耗中国经济社会赖以发展的环境资源家底，社会经济的可持续发展面临着前所未有的压力。严峻的生态环境形势给我们敲起了警钟：模仿西方工业化的模式，靠拼资源、牺牲环境发展经济的老路是走不通的。在这种形势下，中国政府高屋建瓴、审时度势，提出了坚持以人为本、全面、协调、可持续的科学发展观，以科学发展观统领社会经济发展，走可持续发展道路。

（一）

实施科学发展亟待解决一个关键问题是，如何从科学发展观的角度，对人类社会经济发展的历史轨迹、经济增长的本质及其质量做出科学的评价？国内生产总值（GDP）作为国民经济核算体系（SNA）中最重要的总量指标，被世界各国普遍采用以衡量国家或地区经济发展总体水平，然而传统的国民经济核算体系，特别是作为主要指标的 GDP 已经不能如实、全面地反映人类社会经济活动对自然资源的消耗和生态环境的恶化状况，这样必然会导致经济发展陷入高耗能、高污染、高浪费的粗放型发展误区，从而对人类社会的可持续发展产生负面影响。为此，1970 年代以来，一些国外学者开始研究修改传统的国民经济核算体系，提出了绿色 GDP 核算、绿色国民经济核算、综合环境经济核算。一些国家和政府组织逐步开展了绿色 GDP 账户体系的研究和试算工作，并取得了一定的进展。在这期间，中国学者也作了一些开拓性的基础性研究。

中国在政府层面上开展绿色 GDP 核算有其强烈的政治需求。这也

i

是中国独特的社会政治制度、干部考核制度和经济发展模式所决定的。时任胡锦涛总书记在 2004 年中央人口资源环境工作座谈会上就指出："要研究绿色国民经济核算方法，探索将发展过程中的资源消耗、环境损失和环境效益纳入经济发展水平的评价体系，建立和维护人与自然相对平衡的关系"。2005 年，国务院《关于落实科学发展观加强环境保护的决定》中也强调指出："要加快推进绿色国民经济核算体系的研究，建立科学评价发展与环境保护成果的机制，完善经济发展评价体系，将环境保护纳入地方政府和领导干部考核的重要内容"。2007 年，胡锦涛总书记在党的十七大报告中指出，我国社会经济发展中面临的突出问题就是"经济增长的资源环境代价过大"。2012 年，胡锦涛总书记在党的十八大报告中又指出，要"把资源消耗、环境损害、生态效益纳入经济社会发展评价体系，建立体现生态文明要求的目标体系、考核办法、奖惩机制"。所有这些都说明了开展和继续探索绿色 GDP 核算的现实需求，要求有关部门和研究机构从区域和行业出发，从定量货币化的角度去核算发展的资源环境代价，告诉政府和老百姓"过大"资源环境代价究竟有多大。

在这样一个历史背景下，原国家环保总局和国家统计局于 2004 年联合开展了《综合环境与经济核算（绿色 GDP）研究》项目。由环境保护部环境规划院、中国人民大学、环境保护部环境与经济政策研究中心、中国环境监测总站、清华大学等单位组成的研究队伍承担了这一研究项目。2004 年 6 月 24 日，原国家环保总局和国家统计局在杭州联合召开了《建立中国绿色国民经济核算体系》国际研讨会，国内外近 200 位官员和专家参加了研讨会，这是中国绿色 GDP 核算研究的一个重要里程碑。2005 年，原国家环保总局和国家统计局启动并开展了 10 个省市区的绿色 GDP 核算研究试点和环境污染损失的调查。此后，绿色 GDP 成了当时中国媒体一个脍炙人口的新词和热点议题。如果你用谷歌和百度引擎搜索"Green GDP"和"绿色 GDP"，就可以迅速分别找到 106 万篇和 207 万篇相关网页。这些数字足以证明社会各界对绿色 GDP 的关注和期望。

（二）

2006 年 9 月 7 日，原国家环保总局和国家统计局两个部门首次发布了中国第一份《中国绿色国民经济核算研究报告 2004》，这也是国际上第一个由政府部门发布的绿色 GDP 核算报告，标志着中国的绿色国民经济核算研究取得了阶段性和突破性的成果。2006 年 9 月 19 日，全国人大环境与资源委员会还专门听取了项目组关于绿色 GDP 核算成果的汇报。目前，以环境保护部环境规划院为代表的技术组已经完成了 2004－2010 年期间共 7 年的全国环境经济核算研究报告。在这期间，世界银行援助中国开展了《建立中国绿色国民经济核算体系》项目，加拿大和挪威等国家相继与国家统计局开展了中国资源环境经济核算合作项目。中国的许多学者、研究机构、高等学校也开展了相应的研究，新闻媒体也对绿色 GDP 倍加关注，出现了大量有关绿色 GDP 的研究论文和评论，成为了近几年的一个社会焦点和环境经济热点，但也有一些媒体对绿色 GDP 核算给予了过度的炒作和过高的期望。总体来看，在有关政府部门和研究机构的共同努力下，中国绿色国民经济核算研究取得了可喜的成果，同时，这项开创性的研究实践也得到了国际社会的高度评价。在第一份《中国绿色国民经济核算研究报告 2004》发布之际，国外主要报刊都对中国绿色 GDP 核算报告发布进行了报道。国际社会普遍认为，中国开展绿色 GDP 核算试点是最大发展中国家在这个领域进行的有益尝试，也表现了中国敢于承担环境责任的大国形象，敢于面对问题、解决问题的勇气和决心。

2004 年度中国绿色 GDP 核算研究报告的成功发布激起了国内外对中国绿色 GDP 项目的热烈喝彩，但后续 2005 年度研究报告的发布"流产"也受到了一些官员和专家的质疑。一些官员对绿色 GDP 避而不谈甚至"谈绿色变"，认为绿色 GDP 的说法很不科学，也没有国际标准和通用的方法。特别是 2007 年年初环境保护部门与统计部门的纷争似乎表明，中国绿色 GDP 核算项目已经"寿终正寝"。但是，现实的情况是绿色 GDP 核算研究没有"夭折"，国家统计局正在尝试建立中国资源环境核算体系，在短期，可以填补绿色核算的缺位，在长期，则可以为未来实施绿色核算奠定基础。

从概念的角度看，绿色 GDP 的确是媒体、社会的一种简化称呼。绿色 GDP 核算不等于绿色国民经济核算。绿色国民经济核算提供的政策信息要远多于绿色 GDP 本身包含的信息。科学的、专业的说法应该称作"绿色国民经济核算"或者国际上所称的"综合环境与经济核算"。但我们对公众没有必要去苛求这种概念的差异，公众喜欢叫"绿色 GDP"没有什么不好。这就像老百姓一般都习惯叫 GDP 一样，而没有必要让老百姓去理解"国民经济核算体系"。在国际层面，联合国统计署分别于 1993 年、2000 年、2003 年和 2008 年发布了《综合环境与经济核算（简称 SEEA）》四个版本。2011 年，联合国统计署（UNSD）发布了最新的《综合环境与经济核算体系（SEEA）（讨论稿）》，为建立绿色国民经济核算总量、自然资源和污染账户提供了基本框架；欧洲议会于 2011 年 6 月初通过了"《超越 GDP》"决议和《欧盟环境经济核算法规》，这标志着环境经济核算体系将成为未来欧盟成员国统一使用的统计与核算标准。这些指南专门讨论了绿色 GDP 的问题。因此，《环境经济核算丛书》（以下简称《丛书》）也没有严格区分绿色 GDP 核算、绿色国民经济核算、资源环境经济核算的概念差异。

绿色 GDP 的定义不是唯一的。根据我们的理解，本《丛书》所指的绿色 GDP 核算或绿色国民经济核算是一种在现有国民核算体系基础上，扣除资源消耗和环境成本后的 GDP 核算这样一种新的核算体系，是一个逐步发展的框架。绿色 GDP 可以在一定程度上反映一个国家或者是地区真实经济福利水平，也能比较全面地反映经济活动的资源和环境代价。我们的绿色 GDP 核算项目提出的中国绿色国民经济核算框架，包括资源经济核算、环境经济核算两大部分。资源经济核算包括矿物资源、水资源、森林资源、耕地资源、草地资源等。环境核算主要是环境污染和生态破坏成本核算。这两个部分在传统的 GDP 里扣除之后，就得到我们所称的绿色 GDP。很显然，我们目前所做的核算的仅仅是环境污染经济核算，而且是一个非常狭义的、附加很多条件的绿色 GDP 核算。从 2008 年我们开始探索生态破坏损失的核算，从 2010 年开始探索经济系统的物质流核算。即使这样，它在反映经济活动的资源和环境代价方面，仍然发挥着重要作用。很显然，这种狭义的绿色 GDP 是 GDP 的补充，是依附于现实中的 GDP 指标的。因此，如果有一天，全国都实现了绿色经济和可持续发展，地方政府政绩考核也不再使用 GDP，那么即使这种非常狭义的绿色 GDP 也都将失去其现实意义。那时，绿色 GDP 将是真正地"寿终正寝"，离开我们的 GDP 而去。

（三）

从科学的意义上讲，我们目前开展的绿色 GDP 核算研究最后得到的仅仅是一个"经部分环境污染和生态破坏调整后的 GDP"，是一个不全面的、有诸多限制条件的绿色 GDP，是一个仅考虑部分环境污染和生态破坏扣减的绿色 GDP，与完整的绿色 GDP 还有相当的距离。严格意义上，现有的绿色 GDP 核算只是提出了两个主要指标：一是经虚拟治理成本扣减的 GDP，或者是 GDP 的污染扣减指数；二是环境污染损失占 GDP 的比例。而且，我们第一步核算出来的环境污染损失还不完整，还未包括全部的生态破坏损失、地下水污染损失、土壤污染损失等内容。完全意义上的绿色 GDP 是一项全新的、涉及多部门的工作，既包括资源核算，又包括环境核算，只能由国家统计局组织有关资源和环保部门经过长期的努力才能得到，是一个理想的、长期的核算目标。因此，我们要用一种宽容的、发展的眼光去看待绿色 GDP 核算，也希望大家以宽容的态度对待我们的"绿色 GDP"概念。

由于环境统计数据的可得性、时间的限制、剂量反应关系的缺乏等原因，目前发布的狭义绿色 GDP 核算和环境污染经济核算还没有包括多项损失核算，如土壤和地下水污染损失、噪声和辐射等物理污染损失成本、污染造成的休闲娱乐损失、室内空气污染对人体健康造成的损失、臭氧对人体健康的影响损失、大气污染造成的林业损失，水污染对人体健康造成的损失技术方法有缺陷，基础数据也不支持等。这些缺项需要在下一步的研究工作中继续完善。这也是一种我们应该遵循的不断探索研究和不断进步完善的科学态度。但是，即使有这样多的损失缺项核算，已有的非常狭窄的绿色 GDP 核算结果已经展示给我们一个发人深省的环境代价图景。7 年的核算结果表明，我国经济发展造成的环境污染代价持续增长，环境污染治理和生态破坏压力日益增大，7 年间基于退化成本的环境污染代价从 5118.2 亿元提高到 11032.8 亿元，增长了 115%，年均增长 13.5%；虚拟治理成本从 2874.4 亿元提高到 5589.3 亿元，增长了 94.4%。尽管 2004—2010 年环境污染损失占 GDP 的比例大体在 3%左右，但环境污染经济损失绝对量依然在逐年上升，表明全国环境污染恶化的趋势没有得到根本控制。

作为新的核算体系来说，中国的绿色 GDP 核算体系建立还刚刚开始。除环境污染核算、森林资源核算和水资源核算取得一定成果外，其他部门核算研究还相对滞后，环境核算中的生态破坏核算也刚刚起步。但需要强调的是，这只是一个探索性的研究项目。既然是研究项目，本身就决定它是探索性的，没有必要非得等到国际上设立一个明确的标准，我们再来开展完整的绿色 GDP 核算。如果有了国际标准，我们就不需要研究了，而是实施操作的问题了。绿色 GDP 核算的启动实施，虽面临着许多技术、观念和制度方面的障碍，但没有这样的核算指标，我们就无法全面衡量我们的真实发展水平，我们就无法用科学的基础数据来支撑可持续发展的战略决策，我们就无法实现对整个社会的综合统筹与协调发展。因此，无论有多少困难和阻力，我们都应当继续研究探索，逐步建立起符合中国国情的绿色 GDP 核算体系。党的十八大报告明确指出，要把资源消耗、环境损害、生态效益纳入经济社会发展评价体系。这是推动绿色 GDP 核算的最新动力。

（四）

《中国绿色国民经济核算研究报告 2004》是迄今为止唯一一次以政府部门名义公开发布的绿色 GDP 核算研究报告。考虑到目前开展的核算研究与完整的绿色 GDP 核算还有相当的差距，为了科学客观和正确引导起见，从 2005 年开始我们把报告名称调整为《中国环境经济核算研究报告》。到目前为止，我们才陆续出版 2005—2009 年的《中国环境经济核算研究报告》。这一点也证明了，尽管在制度层面上建立绿色 GDP 核算是一个非常艰巨的任务，但从技术层面看，狭义的绿色 GDP 是可以核算的，至少从研究层面看是可以计算的。之所以至今才公布最新的研究报告，很大原因在于环境保护部门和统计部门在发布内容、发布方式乃至话语权方面都存在着较大分歧，同时也遇到一些地方的阻力。目前开展的绿色 GDP 核算中有两个重要概念，一个是"虚拟治理成本"，另一个是"环境污染损失"。这两个概念与 SEEA 关于绿色 GDP 的核算思路是一致的。虚拟治理成本是指把排放到环境中的污染假设"全部"进行治理所需的成本，这些成本可以用产品市场价格给予货币化，可以作为中间消耗从 GDP 中扣减，因此我们称虚拟治理成本占 GDP 的百分点为 GDP 的污染扣减指数。这是统计部门和环保部门都能够接受的一个概念。而环境污染损失是指排放到环境中的所有污染造成环境质量下降所带来的人体健康、经济活动和生态质量等方面的损失，然后通过环境价值特定核算方法得到的货币化损失值，通常要比虚拟治理成本高。由于对环境损失核算方法的认识存在分歧，我们就没有在 GDP 中扣减污染损失，我们叫它为污染损失占 GDP 的比例。这是一种相对比较科学的、认真的做法，也是一种技术方法上的权衡。

中国绿色 GDP 核算研究报告发布的历程证明，在中国真正全面落实科学发展观并非易事。这样一个政府部门指导下的绿色 GDP 核算研究报告的发布都遇到了来自地方政府的阻力。2006 年第一次发布的绿色 GDP 核算研究报告中，并没有提供全国 31 个分省核算数据，而只是概括性地列出了东、中、西部的核算情况。这种做法对引导地方充分认识经济发展的资源环境代价起不到什么作用。但是，我们的绿色 GDP 核算是一种自下而上的核算，有各地区和各行业的核算结果。地方对公布全国 31 个省市区的研究核算结果比较敏感。2006 年底，参加绿色 GDP 核算试点的 10 个省市的核算试点工作全部通过了两个部门的验收，但只有两个省市公布了绿色 GDP 核算的研究成果，个别试点省市还曾向原国家环保总局和统计局正式发函，要求不要公布分省的核算结果。地方政府的这种态度变化以及部门的意见分歧使得绿色 GDP 核算研究报告的发布最终陷入了僵局。目前，许多地方仍然唯 GDP 至上，在这种观念支配下，要在政府层面上继续开展绿色 GDP 核算，甚至建立绿色 GDP 考核指标体系，其阻力之大是可想而知的。

（五）

中国有自己的国情，现在开展的绿色 GDP 核算研究则恰恰是符合中国目前的国情的。尽管目前的绿色 GDP 核算研究，无论在核算框架、技术方法还是核算数据支持和制度安排方面，都存在这样和那样的众多问题，但是要特别强调的是这是新生事物，因此请大家要以包容的、宽容的、科学的态度去对待绿色 GDP 核算研究。尽管我们受到了一些压力，但我们依然在继续探索绿色 GDP 的核算，到目前为止也没有停止过研究。项目组申请了国家自然基金"中国区域经济发展的生态环境代价核算及趋势模拟（41371533）项目"，进一步完善绿色 GDP 的核算方法，拓展绿色 GDP 核算的应用领域。更让我们欣慰的是，这项研究得到了全社会关注的同时，也得到了社会的认可和肯定。绿色 GDP 核算研究小组获得了 2006 年绿色中国年度人物特别奖，《中国绿色国民经济核算体系研究》项目成果也获得了 2008 度国家环境科学技术二等奖。根据 2010 年可持续研究地球奖申报、提名和评审结果，可持续研究地球奖评审团授予中国环境规划院 2010 年全球可持续研究奖第二名，以表彰中国环境规划院在环境经济核算方面作出的杰出成就和贡献。近几年，一些省市（如四川、湖南、深圳等）也继续开展了绿色 GDP 和环境经济核算研究。特别是随着生态文明和美丽中国建设的提出，社会层面上许多官员和学者又继续呼唤建立绿色 GDP 核算体系。

开展绿色国民经济核算研究工作是一项得民心、顺民意、合潮流的系统工程。我们不能认为国际上没有核算标准，我们就裹足不前了。不能认为绿色 GDP 核算会影响地方政府的形象，我们就不公开绿色

GDP 核算的报告。我们应该鼓励大胆探索研究，让中国在建立绿色国民经济核算"国际标准"方面作出贡献。2007 年 7 月，中国青年报社会调查中心与腾讯网新闻中心联合实施的一项公众调查表明：96.4%的公众仍坚持认为"我国有必要进行绿色 GDP 核算"，85.2%的人表示自己所在地"牺牲环境换取 GDP 增长"的现象普遍，79.6%的人认为"绿色 GDP 核算有助于扭转地方政府'唯 GDP'的政绩观"。调查对于"国际上还没有政府公布绿色 GDP 核算数据的先例，中国也不宜公布"和"绿色 GDP 核算理论和方法都尚不成熟，不宜对外发布"的说法，分别仅有 4.4%和 6.7%的人表示认同。2008 年《小康》杂志开展的一项调查表明，90%的公众认为为了制约地方政府用环境换取 GDP 的冲动，应该公开发布绿色 GDP 核算报告。

但是，无论从绿色 GDP 核算制度和体系角度看，还是从核算方法和基础角度看，近期把绿色 GDP 指标作为地方政府政绩考核指标都是不可能的，而且以政府平台发布核算报告也具有一定的局限性。如果把绿色 GDP 核算交给地方政府部门核算，与一些地方的虚假 GDP 核算一样，也会出现虚假的绿色 GDP 核算。因此，建议下一步的绿色 GDP 核算或环境经济核算研究报告以研究单位的研究报告方式出版发行，这也能起到一定的补充作用，也是一种比较稳妥、严谨客观、相对科学的做法。这样既可以排除地方政府部门的干扰，保证研究核算结果的公平公正，也能在一定程度上减轻地方政府部门的压力。经过一定时间的研究探索和全面的试点完善，再把绿色 GDP 核算纳入地方政府的官员政绩考核体系中。大家知道，现有的国民经济核算体系也是经过 20 多年摸索才建立起来的，GDP 核算结果也经常受到质疑，仍处于不断的继续完善之中。同样，绿色 GDP 核算体系的建立也需要一个很长的时间，或许是 20 年、30 年，甚至更长的时间。总之，我们都要以科学的、宽容的态度去对待绿色 GDP 核算研究。

（六）

开展绿色 GDP 核算的意义和作用是一个具有争议性的话题。不管如何，绿色 GDP 核算报告发布造成这么大的震动，成为当年地方政府如此敏感的话题，本身就证明绿色 GDP 核算是有用的。绿色 GDP 核算触及了一些地方官员的痛处，让他们有所顾忌他们的发展模式，这样我们的目的实际上就达到了一半。有触痛说明绿色 GDP 核算研究就还有点用。绿色 GDP 意味着观念的深刻转变，意味着科学发展观的一种衡量尺度。如果一旦能够真正实施绿色 GDP 考核，人们心中的发展内涵与衡量标准就要随之改变，同时由于扣除环境损失成本，也会使一些地区的经济增长"业绩"大大下降。我们认为，通过发布这样的年度绿色 GDP 核算报告，必定会激励各级领导干部在发展经济的同时顾及环境问题、生态问题和资源问题。不论他们是主动顾忌，还是被动顾忌，只要有所顾忌就好。而且，我们相信随着研究工作的持续开展，他们的观念会从被动顾忌转向主动顾忌，从主动顾忌到主动选择，从而最终促进资源节约型和环境友好型社会的发展。

全国以及 10 个省市的核算试点表明，开展绿色 GDP 核算和环境经济核算对于落实科学发展观、促进环境与经济的科学决策具有重要的意义，具体表现在：一是通过核算引导树立科学发展观。通过绿色 GDP 核算，促使地方政府充分认识经济增长的巨大环境代价，引导地方政府部门从追求短期利益向追求社会经济长远利益发展。根据环境保护部环境规划院 2007 年对全国近 100 个市长的调查，有 95.6% 的官员认为建立绿色 GDP 核算体系能够促进地方政府落实科学发展观，有 67.6% 的官员认为绿色 GDP 可以作为地方政府的绩效考核指标。二是通过核算展示污染经济全景，了解经济增长的资源环境代价。通过实物量核算展示环境污染全景图，让政府找出环境污染的"主要制造者"和污染排放的"重灾区"，对未来环境污染治理重点、污染物总量控制和重点污染源监测体系建设给予确认；通过环境污染价值量核算衡量各行业和地区的虚拟治理成本，明确各部门和地区的环境污染治理缺口和环保投资需求。三是为制定环境政策提供依据。通过各部门和地区的虚拟治理成本核算得到不同污染物的治理费用，通过各地区的污染损失核算揭示经济发展造成的环境污染代价，对于开展环境污染费用效益分析、建立环境与经济综合决策支持系统具有积极的现实意义。核算的衍生成果可以为环境税收、生态补偿、区域发展定位、产业结构调整、产业污染控制政策制定以及公众环境权益的维护等提供科学依据。

正因为如此，绿色 GDP 的研究核算工作才更有坚持的必要。任何重大改革创新，倘若遇有这样或那样执行的困难，就放弃正确的大方向而改弦更张，甚至削足适履，那么，整个经济社会发展非但不能进步，相反还会因循守旧而倒退。因此，我们不能以一种功利的态度对待绿色 GDP 核算，不能对绿色 GDP 核算的应用操之过急，更不能简单地认为绿色 GDP 考核就等同于体现科学发展观的政绩考核制度。为了更加科学起见从 2008 年开始，环境经济核算课题组扩展了核算内容，把森林、草地、湿地和矿产开发等生态破坏损失的核算纳入环境经济核算体系，把环境主题下的狭义绿色 GDP 核算称为环境经济核算。2010 年开始，我们又探索社会经济系统的物质流核算，以测定直接物质投入的产出率。今年开始陆续出版年度《中国环境经济核算研究报告》。同时，国家发改委与环境保护部、国家林业局等部门，从 2009 年开始着手建立中国资源环境统计指标体系。我们也开始探索环境绩效管理和评估制度，运用多种手段来评价国家和地方的社会经济与环境发展的可持续性。

（七）

绿色 GDP 核算是一项繁杂的系统工程，涉及国土资源、水利、林业、环境、海洋、农业、卫生、建设、统计等多个部门，部门之间的协调合作机制亟待建立。多个部门共同开展工作，合作得好，可以发挥各部门的优势；合作不好，难免相互掣肘，工作就难以开展，甚至阻碍这项工作的开展。环境核算需要环保部门与统计部门的合作，森林资源核算需要林业部门与统计部门的合作，矿产资源核算则需国土资源部门与统计部门合作。

绿色 GDP 是具有探索性和创新性的难事，需要统计部门对资源环境核算体系框架的把关，建立相应的核算制度和统计体系。因此，在推进中国的绿色 GDP 核算以及资源环境经济核算领域，统计部门是责无旁贷的"总设计师"。统计部门应在资源、环境部门的支持下，在现有 GDP 核算的基础上设立卫星账户，勇敢地在传统 GDP 上做"减法"，核算出传统发展模式和经济增长的资源环境代价，用资源环境核算去展示和衡量科学发展观的落实度。我们欣喜地看到，尽管国家统计部门对绿色 GDP 核算有不同的看法，但没有放弃建立资源环境核算体系的目标，一直致力于建立中国的资源环境经济核算体系。特别是最近几年，国家统计局与国家林业局、水利部、国土资源部联合开展了森林资源核算、水资源核算、矿产资源核算等项目，取得了一些资源部门核算的阶段性成果。目前，水利部门和林业部门已经分别完成了水资源和森林资源核算研究，取得了很好的核算成果。

中国资源环境核算体系制定工作也在进展之中。正如现任国家统计局马建堂局长在一次"中国资源环境核算体系"专家咨询会议上指出的那样，国家统计局高度重视资源环境核算工作，认为建立资源环境核算是国家从以经济建设为中心转向科学发展的必然选择，统计部门要把资源环境核算作为统计部门学习实践科学发展观的切入点，把资源环境核算作为统计部门落实科学发展观的重要举措，把资源环境核算作为统计部门实践科学发展观的重要标尺，尽快出台《中国资源环境核算体系》和资源环境评价指标体系，逐步规范资源环境核算工作，把资源环境核算最终纳入地方党政领导科学发展的考核体系中。国家统计局马建堂局长还指出，建立资源环境核算体系是一项非常困难和艰巨的工作，是一项前无古人之事，是一项具有挑战性的工作，不能因为困难而不往前推，不能因为困难而不抓紧做，要边干边发现边试算，要试中搞、干中学。国家统计局正在牵头建立中国资源环境核算体系，根据"通行、开放"的原则，与联合国的 SEEA 接轨，与政府部门的需求和国家科学发展观的需求接轨。建议国家统计局责无旁贷地组织牵头开展这项工作，必要时在统计部门的机构设置方面做出调整，以适应全面落实科学发展观和建立资源环境核算体系的需要。

（八）

绿色 GDP 核算研究是一项复杂的系统政策工程。在取得目前已有成果的过程中，许多官员和专家作出了积极的贡献。通常的做法是，出版这样一套《丛书》要邀请那些对该项研究作出贡献的官员和专家组成一个丛书指导委员会和顾问委员会。限于观点分歧、责任分担、操作程序等限制原因，我们不得不放弃这样一种传统的做法。但是，我们依然十分感谢这些官员和专家的贡献。在这些官员中，前国家统计局李德水局长、国家统计局现任马建堂局长和许宪春副局长对推动绿色 GDP 核算研究作出了积极的贡献。环境保护部潘岳副部长是绿色GDP 的倡议者，对传播绿色 GDP 理念和推动核算研究作出了独特的贡献。毫无疑问，没有这些政府部门的领导、指导和支持，中国的绿色GDP 核算研究就不可能取得目前的进展。正是由于国家统计局的不懈努力，中国的资源环境核算研究才得以继续前进。在此，我们要特别感谢原国家环保总局王玉庆副局长，原国家环保局张坤民副局长，环境保护部周建副部长、翟青副部长、万本太总工程师、杨朝飞原总工、舒庆司长、赵英民司长、赵建中副巡视员、刘启风巡视员、陈斌巡视员、尤艳馨副司长、邹首民局长、刘炳江司长、李春红副厅长、罗毅司长、庄国泰司长、刘志全副司长、朱建平副司长，宋小智副司长、房志处长、贾金虎处长、孙荣庆副巡视员、陈默副处长，环境保护部环境规划院洪亚雄院长、吴舜泽副院长和陆军副院长，中国环境监测总站魏山峰原站长、环境保护部外经办王新处长和谢永明高工等作出的贡献。我们要特别感谢国家统计局对绿色国民经济核算研究的有力支持，感谢彭志龙司长、魏贵祥司长、李锁强副司长、吴优处长、王益煊处长、曹克瑜处长、李花菊处长等对绿色国民经济核算项目的指导和支持。我们要特别感谢国家发改委解振华副主任、朱之鑫原副主任、韩永文原司长等对绿色国民经济核算项目的指导和支持。我们要特别感谢全国人大环境与资源委员会前主任委员毛如柏、叶如棠副主任委员、张文台副主任委员、冯之俊副主任委员以及许建民、陈宜瑜、姜云宝、倪岳峰等委员对绿色 GDP 核算项目的支持和关注。我们要感谢科技、国土资源、林业和水利等部门负责资源核算的官员，特别是科学技术部毕建忠副司长、国土资源部唐正国副司长指导。这些部门的资源核算工作给予了我们绿色 GDP 核算研究小组很大的精神鼓励和技术咨询。

我要特别感谢绿色 GDP 核算的研究小组，其中包括中国人民大学高敏雪教授的团队、清华大学张天柱教授的团队、北京师范大学朱文泉副教授的团队、北京林业大学张颖教授和张克斌教授的团队、中国林业科学研究院吴波研究员和崔丽娟研究员的团队、中国地质环境监测院张德强高工的团队以及 10 个试点省市的研究人员。我们庆幸有这样一支跨部门、跨专业、跨思想的研究队伍，在前后近四年的时间开展了真实而富有效率的调查和研究。尽管我们有时相互也因核算技术问题争论得面红耳赤，但大家一起克服种种困难和压力，圆满完成了绿色 GDP 核算研究任务。我们要特别感谢参加绿色 GDP 核算试点研究的北京、天津、重庆、广东、浙江、安徽、四川、海南、辽宁、河北 10 个省市区以及湖北省神农架林区的环保和统计部门的所有参加人员。他们与我们一样经历过欣喜、压力、辛酸和无奈。他们是中国开展绿色 GDP 核算研究的第一批勇敢的实践者和贡献者。尽管在此不能一一列出他们的名字，但正是他们出色的试点工作和创新贡献才使得中国的绿色 GDP 核算取得了这样丰富多彩的成果，为全国的绿色 GDP 核算提供了坚实的基础和技术方法的验证。

在绿色 GDP 核算研究项目过程中，始终有一批专家学者对绿色 GDP 核算研究给予了高度的关注和支持，他（她）们积极参与了核算体系框架、核算技术方法、核算研究报告等咨询、论证和指导工作，对我们的核算研究工作也给予了极大的鼓励。有些专家对绿色 GDP 核算提出了不同的、有益的、反对的意见，而且正是这些不同意见使得我们更加认真谨慎和保持头脑清醒，更加客观科学地去看待绿色 GDP 核算问题。毫无疑问，这些专家对绿色 GDP 核算的贡献不亚于那些完全支持绿色 GDP 核算的专家所给予的贡献。这两方面的专家主要有中国科学院牛文元教授、李文华院士和冯宗炜院士、中国环境科学研究院刘鸿亮院士和王文兴院士、环境保护部金鉴明院士、中国环境监测总站魏复盛院士和景立新研究员、中国林业科学研究院王涛院士、天则经济研究所茅于轼教授、中国社会科学院郑易生教授、齐建国研究员和潘家华教授、中共中央政策研究室郑新立研究员、谢义亚研究员和潘盛洲研究员、中共中央党校杨秋宝教授、国务院研究室宁吉喆教授和唐元研究员、国务院发展研究中心周宏春研究员和林家彬研究员、中国海洋石油总公司邱晓华研究员、中国人民大学环境学院马中教授和邹骥教授、北京大学萧灼基教授、叶文虎教授、刘伟教授、潘小川教授和张世秋教授、清华大学胡鞍钢教授、魏杰教授、齐晔教授和张天柱教授、国家宏观经济研究院曾澜研究员、张庆杰研究员和解三明研究员、环境保护部政策研究中心夏光研究员、任勇研究员和胡涛研究员、中国农业科学院姜文来研究员、中国科学院王毅研究员和石敏俊研究员、中国环境科学研究院曹洪法研究员、孙启宏研究员、中国林业科学研究院江泽慧教授、卢崎研究员和李智勇研究员、卫生部疾病预防控制中心白雪涛研究员、国家统计局统计科学研究所文兼武研究员、农业部环境监测科研所张耀民研究员、国家发改委国际合作中心杜平研究员、国家林业局经济发展研究中心戴广翠研究员、中国水利水电科学研究院甘泓研究员和陈韶君研究员、中国地质环境监测院董颖研究员、中华经济研究院萧代基教授、同济大学褚大建教授和蒋大和教授、北京师范大学杨志峰教授和毛显强教授等。在此，我们要特别感谢这些专家的智慧点拨、专业指导以及中肯的意见。

　　中国绿色 GDP 核算研究得到了国际社会的高度关注。世界银行、联合国统计署、联合国环境署、联合国亚太经社会、经济合作与发展组织、欧洲环境局、亚洲开发银行、美国未来资源研究所、世界资源研究所等都积极支持中国绿色 GDP 核算的工作，核算技术组与加拿大、德国、挪威、日本、韩国、菲律宾、印度、巴西等国家的统计部门和环境部门开展了很好的交流与合作。在此，我们要特别感谢联合国统计署 Alfieri Alessandra 处长、联合国环境署 Abaza Hussein

处长和盛馥来博士、世界银行原高级副行长林毅夫博士、世界银行谢剑博士、前世界银行驻中国代表处 Andres Liebenthal 主任、经济合作与发展组织 Brendan Gillespie 处长、欧洲环境局 Weber Jean-Louis 处长、挪威经济研究中心 Haakon Vennemo 研究员，美国未来资源研究所 Alan Krupnick 研究员、加拿大联邦统计署 Robert Smith 处长、联合国亚太统计研究所 A. C. Kulshreshtha 先生、2001 年诺贝尔经济学奖得主哥伦比亚大学 JosephE Stiglitz 教授、美国哥伦比亚大学 Perter Bartelmus 教授、加拿大阿尔伯特大学 Mark Anielski 教授、意大利 FEEM 研究中心 Giorgio Vicini 研究员、世界银行亚太地区部 Magda Lavei 主任、亚洲开发银行 Zhuang Jian 博士、美国环保协会杜丹德博士和张建宇博士等官员和专家的独特贡献。

中国环境出版社的陈金华女士为本《丛书》的出版付出了很大的心血，精心组织《丛书》选题和编辑工作，并把《丛书》选入《"十一五"国家重点图书出版规划》。同时，本《丛书》的出版得到了环境保护部环境规划院承担的国家"十五"科技攻关《中国绿色国民经济核算体系框架研究》课题、世界银行《建立中国绿色国民经济核算体系》项目以及财政部预算《中国环境经济核算与环境污染损失调查》和《建立环境经济核算技术支撑与应用体系》等项目的资助。在此，对环境保护部环境规划院和中国环境出版社的支持表示感谢。最后，对本《丛书》中引用参考文献的所有作者表示感谢。

（九）

中国绿色 GDP 核算的研究和试点在规模和深度上是前所未有的。虽然许多国家在绿色核算领域已经做了不少工作，但是由于绿色核算在理论和技术上仍有不少问题没有解决，至今没有一个国家和地区建立完整的绿色国民经济核算体系，只是个别国家和地区开展了案例性、局部性、阶段性的研究。本《丛书》是中国绿色 GDP 核算项目理论方法和试点实践的总结，不论在绿色核算的技术方法上，还是指导绿色核算实际操作上在国内都填补了空白，在国际层面上也具有一定的参考价值。

然而，我们必须清醒地认识到，绿色国民经济核算体系是一个十分复杂而崭新的系统工程，目前我们所取得的成绩仅是绿色核算"万里长征"的第一步，在理论上、方法上和制度上还存在许多不足和难点，需要我们去不断攻克。我们必须充分认识到建立绿色国民经济核算体系的难度，科学严谨、脚踏实地、坚持不懈地去研究建立环境经济核算的核算体系和制度，最终为全面落实和贯彻科学发展观提供环境经济评价工具，为建立世界的绿色国民经济核算体系作出中国的贡献。

为了使本《丛书》更加科学、客观、独立地反映绿色 GDP 核算研究成果，本《丛书》编辑时没有要求《丛书》每册的选题目标、概念术语、技术方法保持完全的一致性，而是允许《丛书》各册具有相对独立性和相对可读性。现在，我们把环境经济核算的最新研究成果陆续加入本《丛书》中，让更多的人了解并加入到探索中国环境经济核算的队伍中。由于时间限制和水平有限，本《丛书》难免有各种错误或不当之处，我们欢迎读者与我们联系 (邮箱 wangjn@caep.org.cn)，提出批评、给予指正。我们期望与大家一起以一种科学和宽容的态度去对待绿色 GDP 核算，与大家一起继续探索中国的绿色 GDP 核算体系。我们也相信，随着生态文明和美丽中国建设的推进，绿色 GDP 核算正在成为一个有效评价可持续发展能力的科学体系。

王金南

记于 2009 年 2 月 1 日

重记于2013年2月1日

目 录

第一部分 中国环境经济核算研究报告 2005

第二部分　中国环境经济核算研究报告 2006
（摘要版）

第一部分
中国环境经济核算研究报告
2005

前　言

　　为树立和落实全面、协调、可持续的发展观，建设资源节约型和环境友好型社会，国家环境保护总局和国家统计局于 2004 年 3 月联合启动了《中国绿色国民经济核算研究》项目，并于 2005 年开展了全国 10 个省市的绿色国民经济核算和污染损失评估调查试点工作。两个部门成立了工作领导小组和项目顾问组，由环境保护部环境规划院（原国家环保总局环境规划院）和中国人民大学等单位的专家组成了项目技术组，负责建立核算框架体系、提出核算技术指南、开展经环境污染调整的 GDP 核算，并指导地方开展试点调查和核算工作。

　　2006 年 12 月，国家技术组在试点省市绿色核算与污染损失调查工作的基础上，对现有的核算技术方法进行了完善，增加了新的核算内容，研究报告名称调整为《中国环境经济核算研究报告》（以下简称《报告》），初步形成了年度环境经济核算报告制度。与 2004 年相比，2005 年的核算增加了两项内容：一是公路交通运输行业的污染物实物量核算和虚拟治理成本核算，二是在环境退化成本的核算中，增加了大气污染引起的额外清洁费用损失的核算。2005 年的《报告》就 2005 年全国 31 个省市①和各产业部门的水污染、大气污染和固体废物污染的实物量和虚拟治理成本进行了全面核算，得出了经环境污染调整的 GDP 核算结果以及全国 30 个省市的环境退化成本及其占

---

① 核算未包含香港、澳门和台湾地区。东部地区包括：北京市、天津市、河北省、辽宁省、上海市、江苏省、浙江省、福建省、山东省、广东省、海南省；中部地区包括：山西省、吉林省、黑龙江省、安徽省、江西省、河南省、湖北省和湖南省；西部地区包括：内蒙古自治区、广西壮族自治区、重庆市、四川省、贵州省、云南省、西藏自治区、陕西省、甘肃省、青海省、宁夏回族自治区和新疆维吾尔自治区。

GDP 的比例。

　　本《报告》是中国的第二份环境经济核算研究报告，标志着中国绿色国民经济核算研究取得了重要的阶段性成果。《报告》表明，2005年，全国用污染损失表示的环境退化成本为 5 787.9 亿元，比 2004 年增加 669.6 亿元，上升了 13.1%，2005 年环境退化成本占地区合计GDP 的 2.93%。按可比价格计算 2005 年 GDP 增长率 10.4%，扣除环境污染损失成本，全国 GDP 实际增长率只有 7.47%，环境退化趋势尚未得到遏制。落实科学发展观、调整经济结构、转变经济增长方式的任务依然十分艰巨。

中国环境经济核算研究报告
2005（执行概要）

为了树立和落实全面、协调、可持续的发展观，建立资源节约型和环境友好型社会，国家环境保护总局和国家统计局于 2004 年 3 月联合启动了《中国绿色国民经济核算（简称绿色 GDP 核算）研究》项目，并于 2005 年开展了全国 10 个省市的绿色国民经济核算和污染损失评估调查试点工作。这两个部门还成立了工作领导小组和项目顾问组，由国家环保总局环境规划院和中国人民大学等单位的专家组成了项目技术组，负责建立核算框架体系、提出核算技术指南、开展经环境污染调整的 GDP 核算，并指导地方开展试点调查和核算工作。

2006 年 12 月，国家技术组在试点省市绿色核算与污染损失调查工作的基础上，对现有的核算技术方法进行了完善，并增加了新的核算内容，完成了《中国绿色国民经济核算研究报告 2005》（以下简称《报告》），初步形成了年度环境经济核算报告制度。与 2004 年相比，2005 年的核算增加了两项内容：一是公路交通运输行业的污染物实物量核算和虚拟治理成本核算，二是在环境退化成本的核算中，增加了大气污染引起的额外清洁费用损失的核算。2005 年的《报告》就 2005 年全国 31 个省市①和各产业部门的水污染、大气污染和固体废物污染的实物量和虚拟治理成本进行了全面核算，得出了经环境污染调整的 GDP 核算结果以及全国 30 个省市的环境退化成本及其占 GDP 的比例。

---

① 核算未包含香港、澳门和台湾地区。东部地区包括：北京市、天津市、河北省、辽宁省、上海市、江苏省、浙江省、福建省、山东省、广东省、海南省；中部地区包括：山西省、吉林省、黑龙江省、安徽省、江西省、河南省、湖北省和湖南省；西部地区包括：内蒙古自治区、广西壮族自治区、重庆市、四川省、贵州省、云南省、西藏自治区、陕西省、甘肃省、青海省、宁夏回族自治区和新疆维吾尔自治区。退化成本核算未包括西藏。

本报告是中国的第二份环境经济核算研究报告，标志着中国绿色国民经济核算研究取得了重要的阶段性成果。《报告》表明，2005 年中国的环境污染总体形势依然非常严峻，落实科学发展观、调整经济结构、转变经济增长方式的任务依然十分艰巨。

1 核算方法与内容

2005 年的绿色国民经济核算内容由三部分组成：①环境实物量核算。运用实物单位建立不同层次的实物量账户，描述与经济活动对应的各类污染物的产生量、去除量（处理量）、排放量等，具体分为水污染、大气污染和固体废物实物量核算；②环境价值量核算。在环境实物量核算的基础上，运用两种方法估算各种污染排放造成的环境退化价值；③经环境污染调整的 GDP 核算。

环境实物量核算是以环境统计为基础，综合核算全口径的主要污染物产生量、削减量和排放量。核算口径较目前的统计数据更加全面，更能全面地反映主要环境污染物的排放情况。

采用治理成本法核算虚拟治理成本。虚拟治理成本是指目前排放到环境中的污染物按照现行的治理技术和水平全部治理所需要的支出。治理成本法核算虚拟治理成本的思路是：假设所有污染物都得到治理，则当年的环境退化不会发生，从数值上看，虚拟治理成本可以认为是环境退化价值的一种下限核算。

采用污染损失法核算环境退化成本。环境退化成本是指环境污染所带来的各种损害，如对农产品产量、人体健康、生态服务功能等的损害。这些损害需采用一定的定价技术，进行污染经济损失评估。与治理成本法相比，基于损害的污染损失估价方法更具合理性，更能体现污染造成的环境退化成本。

与 2004 年相比，2005 年绿色国民经济核算的核算范围有所扩大。环境污染实物量核算增加了公路交通污染 NO_x 产生量、排放量和去除量，同时生活用能废气核算人口基数也扩大为全口径城镇人口，因此，虚拟治理成本核算范围也相应扩大；环境退化成本的核算范围、口径和技术参数略有调整，此外，环境退化成本核算增加了空气污染造成的额外清洁费用，但由于基础数据不支持或核算方法不成熟，一些环境损失，如生态破坏损失、地下水污染损失、土壤污染损失、室内空气污染造成的损失、水污染引起的传染和消化道疾病的门诊住院医疗及其误工损失、水污染造成的新建替代水源成本和臭氧对人体健康的影响损失等，本《报告》仍未包括。

　　本《报告》核算数据来源包括《中国环境统计年报 2005》《中国统计年鉴 2006》《中国城市建设统计年报 2005》《中国卫生统计年鉴 2006》《中国能源统计年鉴 2006》《中国城市统计年鉴 2005》《中国乡镇企业年鉴 2005》《中国卫生服务调查研究——第三次国家卫生服务调查分析报告》以及 29 个省市的 2006 年度统计年鉴[①]，环境质量数据由中国环境监测总站提供，农产品价格数据由国家发改委价格监测中心提供。

2　实物量核算结果

　　核算结果表明，2005 年全国废水排放量为 651.3 亿 t，COD 排放量为 2 195.0 万 t，氨氮排放量为 242.5 万 t；二氧化硫、烟尘、粉尘和氮氧化物排放总量分别为 2 568.5 万 t、1 182.5 万 t、911.2 万 t 和 2 381.4 万 t；工业固体废物排放量为 1 597.5 万 t，新增生活垃圾堆放量 6 029.6 万 t。

2.1　水污染实物量

　　（1）全国废水排放量比 2004 年略有增加。2005 年，全国废水排放量 651.3 亿 t，比 2004 年增加 7.3%。其中，工业废水排放量 243.1 亿 t，比 2004 年增加 9.9%；城市生活废水排放量 281.4 亿 t，比 2004 年增加 7.7%；第一产业废水排放量[②] 126.8 亿 t，比 2004 年下降 1.5%。

　　全国 COD 排放量 2 195.0 万 t，比 2004 年增加 4.1%，其中，工业和城市生活 COD 排放量分别比 2004 年增加 5.3% 和 3.6%，第一产业 COD 排放量比 2004 年下降 3.0%。

　　全国氨氮排放量 242.5 万 t，比 2004 年增加 8.7%，其中，工业和城市生活氨氮排放量分别比 2004 年增加 20.3% 和 7.1%，第一产业氨氮排放量比 2004 年下降 2.7%。

　　（2）城市生活废水排放量高于农业和工业废水排放量。2005 年，城市生活废水排放量 281.4 亿 t，占全国废水排放量的 43.2%，同时，城市生活废水的 COD 和氨氮排放量也超过第一产业和第二产业，分别占 COD 和氨氮总排放量的 39.2% 和 40.1%。COD 排放量位居第二

---

① 到本报告计算截至日前，未获得《云南省统计年鉴 2006》和《西藏自治区统计年鉴 2006》。

② 到本报告计算截至日前，畜牧业 2006 年统计数据尚未公开发表，本报告畜禽养殖业废水和废水中污染物核算结果基于《中国畜牧业年鉴 2005》和 2006 年畜禽养殖总量估算获得。

的是第二产业，占总排放量的 35.7%，氨氮排放量位居第二的是第一产业，占总排放量的 34.1%。

（3）中西部地区的工业废水处理水平亟待提高。2005 年，城市生活污水平均排放达标率 31.2%，城市生活污水排放达标率低于 15% 的省份有黑龙江、湖北、贵州、吉林、广西、江西、海南和西藏，除海南外均来自中西部地区。青海、新疆、内蒙古、贵州和西藏等西部省份的工业废水排放达标率均低于 70%。

2.2 大气污染实物量

（1）大气污染物排放量比 2004 年略有增加。2005 年，全国 SO_2 排放量 2 568.5 万 t，比 2004 年增加 118.4 万 t，增长了 4.8%。其中，第二产业 SO_2 排放量 2 311.5 万 t，比 2004 年增加 5.8%；城市生活 SO_2 排放量 110.0 万 t，比 2004 年下降 1.0%；第一产业 SO_2 排放量 147.0 万 t，比 2004 年下降 4.2%。

全国烟尘排放量 1 182.5 万 t，比 2004 年增加 87.0 万 t，增长了 7.9%。其中，工业烟尘排放量 959.2 万 t，比 2004 年增加 7.1%；城市生活烟尘排放量 95.6 万 t，比 2004 年增加了 14.0%；第一产业烟尘排放量 127.7 万 t，比 2004 年上升 10.4%。

全国工业粉尘排放量 911.2 万 t，比 2004 年增加 6.1 万 t，增长了 0.7%。

全国氮氧化物排放量 1 937.1 万 t，比 2004 年增加 290.5 万 t，增长了 17.6%。其中，工业氮氧化物排放量 1 434.5 万 t，比 2004 年增加 8.9%；城市生活氮氧化物排放量 472.7 万 t；第一产业氮氧化物排放量 29.8 万 t，比 2004 年增加 15.8%。

（2）大气污染物排放主要集中在第二产业。2005 年，第二产业 SO_2 排放量 2 311.5 万 t，占全国排放量的 90.0%；第一产业 SO_2 排放量占全国排放量的 5.7%，城市生活 SO_2 排放量占全国排放量的 4.3%；第二产业烟尘的排放量占全国烟尘总排放量的 81.1%，NO_x 的排放量占全国 NO_x 总排放量的 74.1%。

电力行业的 SO_2、烟尘和 NO_x 排放量分别占第二产业 SO_2、烟尘和 NO_x 排放量的 62.2%、50.4% 和 63.4%，电力行业的大气污染治理任务艰巨。

（3）北方省份大气污染物排放量大，治理水平低。2005 年，SO_2 排放量最大的 5 个省依次为山东、河北、山西、江苏和河南，但这 5

个省市 SO_2 的去除率都低于全国平均水平 33.1%, 治理任务非常艰巨; 烟尘排放量最大的 5 个省依次为山西、四川、河南、河北和内蒙古, 主要集中在北方省份; 粉尘排放量最大的 5 个省分别是湖南、河北、河南、山西和广西, 但绝大多数的粉尘去除率都低于全国平均水平 87.6%。河北、山西和河南等中部省份的大气污染问题较为突出。

2.3 固体废物实物量

（1）一般工业固废处置利用率比 2004 年提高 2.7%。2005 年, 全国一般工业固废产生量 13.3 亿 t, 比 2004 年增加 1.43 亿 t, 增长了 12.0%。2005 年一般工业固废的处置利用率达到 79.6%, 比 2004 年增加 2.7%。2005 年的一般工业固废利用量 7.8 亿 t, 其中利用当年废物量为 7.6 亿 t, 处置量 3.1 亿 t, 贮存量 2.6 亿 t, 排放量 0.16 亿 t。一般工业固废贮存排放量列前 5 位的行业为电力、黑色冶金、煤炭采选、黑色和有色矿采选业, 这 5 个行业的贮存排放量占总贮存排放量的 83.3%; 一般工业固废贮存排放量排前 5 位的省（区）依次为内蒙古、河北、辽宁、陕西和贵州, 这 5 个省（区）的贮存排放量占总贮存排放量的 47.9%。

（2）危险废物处置利用率比 2004 年提高 5.2%。2005 年, 全国危险废物产生量 1 162.0 万 t, 比 2004 年增加 168.0 万 t, 增长了 16.9%。2005 年危险废物处置利用率 71.0%, 比 2004 年增加 5.2%。2005 年的危险废物利用量 495.0 万 t, 其中利用当年废物量为 486.4 万 t; 处置量 339.0 万 t, 比 2004 年增加 63.8 万 t; 贮存量 337.3 万 t, 比 2004 年减少 6.0 万 t; 排放量 0.6 万 t, 比 2004 年减少 0.5 万 t。

（3）生活垃圾无害化处理率尚待提高。2005 年, 我国的城市生活垃圾产生总量为 1.85 亿 t, 其中, 清运量 1.56 亿 t, 处理量 1.24 亿 t, 堆放量 0.61 亿 t。2005 年城市生活垃圾平均无害化处理率[①]43.2%, 处理率 67.4%, 无害化处理率和处理率分别比 2004 年提高 1.2% 和 2.1%。

城市生活垃圾堆放量最大的 5 个省分别是广东、河北、黑龙江、山西和山东, 占总堆放量的 36.7%, 其中, 广东、河北和山西的垃圾处理率都低于全国平均水平。无害化处理率最高的是北京市, 达到了 80.9%, 其次为浙江、海南和江苏, 在 65% 以上; 西藏、安徽、山西

---

① 本报告无害化处理率指城市生活垃圾无害化处理量与产生量的百分比。

和甘肃的无害化处理率低于 20%，无害化处理水平有待提高。

3 虚拟治理成本核算结果

2005 年，全国虚拟治理成本 3 843.7 亿元，比 2004 年增加了 969.3 亿元。其中，水污染、大气污染、固体废物污染虚拟治理成本分别为 2 084.0 亿元、1 610.9 亿元、148.7 亿元，分别比 2004 年增加了 275.3 亿元、688.6 亿元、5.2 亿元。2005 年全国虚拟治理成本占全国 GDP 的比例为 2.1%。

3.1 水污染治理成本

2005 年，全国行业合计 GDP（生产法）为 183 085 亿元，废水实际治理成本为 400.74 亿元，占 GDP 的 0.22%；全国废水虚拟治理成本为 2 084.05 亿元，占 GDP 的 1.14%。废水虚拟治理成本约为实际治理成本的 5.2 倍。

（1）第二产业治理成本较大，造纸和食品加工等行业虚拟治理成本依然较高。2005 年，工业废水实际治理成本约占总废水实际治理成本的 72.8%，工业废水虚拟治理成本占总废水虚拟治理成本的比例也最高，与 2004 年相比，这种状况没有改变。在 38 个工业行业中，实际治理成本列前 5 位的分别是化工、黑色冶金、造纸、纺织业和石化行业，5 个行业的实际治理成本为 159.4 亿元，占工业废水总实际治理成本的 54.6%；虚拟治理成本列前 5 位的分别是造纸、食品加工、化工、食品制造和纺织行业，5 个行业的虚拟治理成本约占工业废水虚拟治理成本的 72.5%；总治理成本居前 4 位的分别是造纸、食品加工、化工和纺织业。

（2）中西部地区废水治理投入不足，江苏省废水治理投入较大。2005 年，废水总治理成本 2 484.7 亿元。东部地区的实际废水治理成本最高，为 246.6 亿元，中、西部地区的废水实际治理成本分别为 93.5 亿元和 60.6 亿元，江苏省的实际废水治理成本最高，为 45.6 亿元，占全国总量的 11.4%；东、中和西部地区的废水虚拟治理成本分别为 820.7 亿元、640.2 亿元和 623.2 亿元，虚拟治理成本最高的是广西，约占全国总量的 1/10。

3.2 大气污染治理成本

2005 年，全国的废气实际治理成本为 835.0 亿元，占当年行业合计 GDP 的 0.46%；全国废气虚拟治理成本为 1 610.9 亿元，占当年行业合计 GDP 的 0.88%。大气污染虚拟治理成本是实际治理成本的 1.93 倍。

（1）工业行业的虚拟治理成本较高，电力行业是工业废气治理的重点。2005 年，几乎所有行业的大气虚拟治理成本都高于实际处理成本，说明大气污染治理的缺口仍然很大。工业大气污染总虚拟治理成本 769.09 亿元，其中电力行业虚拟治理成本为 491.4 亿元，占工业总虚拟治理成本的 63.8%，是工业大气污染治理的重点。

（2）东部地区大气污染治理任务重，山东省位居前列。2005 年，大气污染总治理成本 2 445.9 亿元。东、中、西部 3 个地区的大气实际治理成本分别为 483.0 亿元、194.6 亿元和 157.5 亿元，山东省的大气实际治理成本最高，为 79.6 亿元，占全国总量的 9.54%；东、中和西部地区的大气虚拟治理成本分别为 719.9 亿元、468.3 亿元和 422.7 亿元，虚拟治理成本超过总废气治理成本 70% 的省有青海、山东和河南，这些地区的城市燃气普及率水平需要进一步提高。

3.3　固体废物治理成本

2005 年，全国固体废物实际治理成本为 217.3 亿元，占当年行业合计 GDP 的 0.11%；全国固废虚拟治理成本为 148.7 亿元，占 GDP 的 0.08%。固体废物虚拟治理成本是实际治理成本的 0.68 倍。

2005 年，全国工业固体废物实际治理成本为 140.8 亿元，占总治理成本的 56.9%；虚拟治理成本 106.5 亿元，为总治理成本的 43.1%；全国城市生活垃圾实际治理成本为 76.5 亿元，占总成本的 64.4%；虚拟治理成本为 42.2 亿元，占总成本的 35.6%。

2005 年，全国固废治理成本为 247.3 亿元，其中，东、中、西部 3 个地区的实际治理成本分别为 49.9 亿元、35.7 亿元和 55.1 亿元，贵州省的固废实际治理成本最高，为 29.6 亿元，占全国总量的 21.0%；东、中、西部 3 个地区的虚拟治理成本分别为 22.2 亿元、12.7 亿元和 71.6 亿元，分别占全国总虚拟治理成本的 20.9%、11.9% 和 67.2%。

3.4　虚拟治理成本综合分析

（1）环境污染治理投入严重不足，废水治理缺口仍然较大。2005 年，环境污染实际和虚拟治理总成本为 5 296.7 亿元，实际治理成本只占 27%，由此可见，环境污染治理投入欠账依然较大。其中，水污染、大气污染和固废污染实际和虚拟治理总成本分别为 2 484.79 亿元、2 445.97 亿元和 365.98 亿元，分别占实际和虚拟治理总成本的 46.9%、46.2% 和 6.9%，废水的总治理成本与废气的总治理成本相差不多。

2005 年，环境污染的实际治理成本是 1 453 亿元，其中，水污染、大气污染、固体废物污染实际治理成本分别是 400.7 亿元、835.0 亿元和 217.3 亿元，分别占总实际治理成本的 27.6%、57.5% 和 15.0%；虚拟治理成本为 3 843.7 亿元，其中，水污染、大气污染和固体废物污染虚拟治理成本分别为 2 084.0 亿元、1 610.9 亿元和 148.7 亿元，分别占总虚拟治理成本的 54.2%、41.9% 和 3.9%。废水虚拟治理成本占废水总治理成本的 83.9%，是实际治理成本的 5.2 倍。与 2004 年一样，缺口最大的仍然是水污染治理。

（2）第二产业污染治理任务依然艰巨，城市废水污染治理投入亟待提高。2005 年，第二产业污染虚拟治理成本为 2 060.5 亿元，是实际治理成本的 2.8 倍，其中第二产业废水治理的缺口最大，还需要投入 1 184.9 亿元，占第二产业总虚拟治理成本的 58%；第二产业大气污染的治理投入缺口相对较小，只占总虚拟治理投入的 37.3%，但绝对量也相当大，达到 769.09 亿元。与城市大气污染治理相比，城市生活废水处理能力严重不足，目前我国城市生活废水的实际治理成本为 35 亿元，只有废气的 20%。因此，城市污染治理投入的主要压力来自城市生活污染。

（3）工业污染治理重点不同，电力、造纸、化工行业治理缺口仍然较大。2005 年，在 39 个工业行业中，治理成本最高的是电力行业，达到 699 亿元，同时其实际和虚拟治理成本都列各行业之首。与 2004 年一样，列总治理成本前 2～5 位的分别是造纸、化工、农副食品加工、黑色冶金，以上 4 个行业总治理成本的排名与虚拟治理成本基本相同，说明这 4 个行业的污染治理水平都不高，治理投入缺口大。

（4）中西部省份污染治理投入不足，东部省份治理投入仍需加大。2005 年，东、中、西部 3 个地区的实际治理成本分别为 822.4 亿元、344.5 亿元和 286.1 亿元，虚拟治理成本分别为 1 581.5 亿元、1 135.5 亿元和 1 126.7 亿元，3 个地区的虚拟治理成本分别为实际治理成本的 1.9 倍、3.3 倍和 3.9 倍，这说明与东部地区相比，中、西部地区的治理投入严重不足。从各地区虚拟治理成本占总虚拟治理成本的比例来看，东、中、西部 3 个地区分别占 41.1%、29.5% 和 29.3%，东部地区的污染治理投入仍需加大。3 个地区环境污染实际和虚拟治理成本如图 0-1 所示。

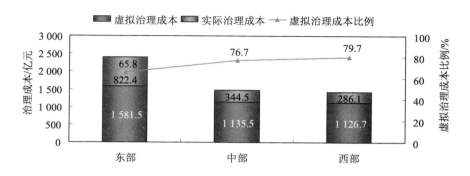

图 0-1　地区污染实际和虚拟治理成本比较

4　环境退化成本核算结果

2005 年，利用污染损失法核算的环境退化成本 5 787.9 亿元，比 2004 年增加 669.6 亿元，增长了 13.1%，2005 年环境退化成本占地区合计 GDP 的 2.93%。在环境退化成本中，水污染、大气污染和固废堆放占地造成的环境退化成本分别 2 836.0 亿元、2 869.0 亿元、29.6 亿元，分别占总退化成本的 49.0%、49.6%、0.51%。

4.1　水环境退化成本

2005 年，水污染造成的环境退化成本为 2 836.0 亿元，占总环境退化成本的 49.0%，占当年地区合计 GDP 的 1.43%，其中，水污染造成的农村居民健康损失为 197.8 亿元，污染型缺水造成的损失为 1 451.1 亿元，水污染造成的工业用水额外治理成本为 355.5 亿元，水污染对农业生产造成的损失为 468.4 亿元，水污染造成的城市生活用水额外治理和防护成本为 363.2 亿元。

2005 年，东、中、西部 3 个地区的废水环境退化成本分别为 1 442.3 亿元、826.0 亿元和 567.6 亿元，东部地区的废水环境退化成本最高，占废水总环境退化成本的 50.9%，占东部地区 GDP 的 1.45%；中部和西部地区的废水环境退化成本分别占废水总环境退化成本的 29.1% 和 20.0%，占地区 GDP 的 2.1% 和 2.0%。

4.2　大气环境退化成本

2005 年，大气污染造成的环境退化成本为 2 869.0 亿元，占总环境退化成本的 49.6%，占当年地区合计 GDP 的 1.45%，其中，大气污染造成的城市居民健康损失为 1 765.1 亿元，农业减产损失为 645.4 亿元，材料损失为 136.35 亿元，造成的额外清洁费用为 322.2 亿元。

2005 年，东、中、西部 3 个地区的大气环境退化成本分别为 1 637.2 亿元、712.4 亿元和 519.5 亿元。大气环境退化成本最高的仍然是东部地区，占大气总环境退化成本的 57.1%，占东部地区 GDP 的 1.6%；中部和西部地区的大气环境退化成本分别占大气总环境退化成本的 24.8%和 18.1%，这 2 个地区的大气环境退化成本都占地区 GDP 的 1.8%。

4.3　固废侵占土地退化成本

2005 年，全国工业固废侵占土地约新增 9 529.5 万 m^2，丧失土地的机会成本约为 21.3 亿元。生活垃圾侵占土地约新增 3 525.1 万 m^2，丧失的土地机会成本约为 8.3 亿元。两项合计，2005 年全国固体废物污染造成的环境退化成本为 29.6 亿元，占总环境退化成本的 0.51%，占当年地区合计 GDP 的 0.02%。

2005 年，东、中、西部 3 个地区的固废环境退化成本分别为 10.5 亿元、6.9 亿元和 12.1 亿元。固废环境退化成本最高的是西部地区，占总固废环境退化成本的 41.4%，其次为东部和中部地区，分别占总固废环境退化成本的 35.5%和 23.4%，东、中、西部 3 个地区的固废环境退化成本分别占地区 GDP 的 0.04%、0.02%和 0.01%。

4.4　环境污染事故经济损失

2005 年，全国共发生环境污染与破坏事故 1 406 起，污染事故造成的直接经济损失为 1.05 亿元，比 2004 年减少 3.11 亿元[①]。根据 2005 年《中国渔业生态环境状况公报》，2005 年全国共发生渔业污染事故 1 028 次，造成直接经济损失 6.4 亿元，环境污染事故造成的天然渔业资源经济损失 45.9 亿元。两项合计，2005 年全国环境污染

---

① 本次环境污染事故损失核算未包括松花江水污染事件的损失。

事故造成的损失成本为 53.4 亿元，比 2004 年增加 2.4 亿元。环境污染事故退化成本占总环境退化成本的 0.93%，占当年地区合计 GDP 的 0.03%。

4.5　环境退化成本综合分析

（1）环境退化成本总量分析。2005 年，利用污染损失法核算的环境退化成本 5 787.9 亿元，比 2004 年增加了 669.6 亿元，上升了 13.1%，2005 年环境退化成本占地区合计 GDP 的 2.93%。其中，大气污染造成的环境退化成本为 2 869.0 亿元，水污染造成的环境退化成本为 2 836.0 亿元，固废堆放侵占土地造成的环境退化成本为 29.6 亿元，污染事故造成的经济损失为 53.4 亿元，分别占当年总环境退化成本的 49.6%、49.0%、0.5% 和 0.9%。

（2）地区环境退化成本分析。2005 年，不计污染事故损失的环境退化成本[①]为 5 734.5 亿元。东、中、西部 3 个地区的环境退化成本分别为 3 090.0 亿元、1 545.3 亿元和 1 099.2 亿元，分别占总环境退化成本的 53.9%、26.9% 和 19.2%。各地区的环境退化成本及其占各地区 GDP 的比例如图 0-2 所示。从图中可以看出，中部和西部地区环境退化成本占地区 GDP 的比例高于东部地区。

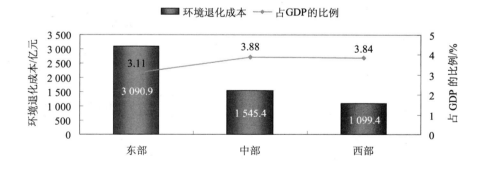

图 0-2　地区环境退化成本及其占各地区 GDP 的比例

核算表明，西部地区不但经济总量的差距在扩大，环境退化的相对差距也在扩大。在没有核算土地荒漠化、草地退化等生态破坏损失

---

① 以下如不特别说明，总环境退化成本是指不包括污染事故经济损失的环境退化成本。

的情况下，大多数中部和西部省市，特别是西北省份的环境退化程度就已经高于东部省份；核算还表明，由于受经济发展水平的制约，西部地区的环境污染治理投入能力也普遍低于全国平均水平。

2005 年，环境退化成本占 GDP 比例最低的 10 个省市依次是海南（1.28%）、福建（1.66%）、湖北（1.92%）、广东（2.20%）、山东（2.21%）、广西（2.27%）、北京（2.28%）、浙江（2.37%）、上海（2.39%）和江西（2.59%）。

5 经环境污染调整的 GDP 核算

5.1 经污染调整的 GDP 总量

2005 年，全国行业合计 GDP（生产法）为 183 085 亿元，虚拟治理成本为 3 843.7 亿元，GDP 污染扣减指数为 2.1%，即虚拟治理成本占全国 GDP 的比例为 2.1%，与 2004 年的污染扣减指数 1.8% 相比，上升了 0.3%。

5.2 经污染调整的地区生产总值

2005 年，东、中、西部 3 个地区的 GDP 污染扣减指数分别为 1.34%、2.45% 和 3.36%。核算表明，西部地区的经济水平和污染治理水平都较低。各地区 GDP 和 GDP 污染扣减指数如图 0-3 所示。从全国来看，GDP 污染扣减指数高于全国平均水平 2.1% 的省市有 19 个，低于全国平均水平 2.1% 的省市有 12 个。

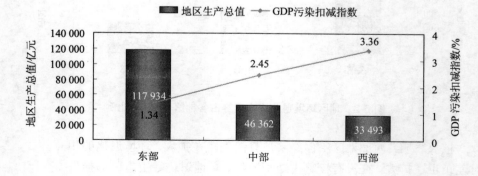

图 0-3　各地区的 GDP 及 GDP 污染扣减指数

5.3 经污染调整的行业增加值

（1）三大产业部门。2005 年，从经环境污染调整的 GDP 产业部门核算结果来看，第一产业虚拟治理成本为 365.33 亿元，增加值污染扣减指数为 1.58%；第二产业虚拟治理成本为 2 060.46 亿元，增加值污染扣减指数为 2.37%；第三产业虚拟治理成本为 1 417.9 元，增加值污染扣减指数为 1.94%。三大产业虚拟治理成本及占其增加值的比例如图 0-4 所示。

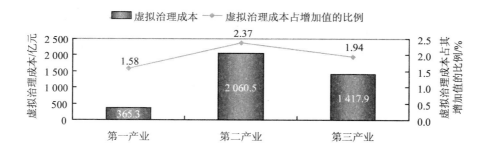

图 0-4　三大产业虚拟治理成本及其占增加值的比例

（2）39 个工业行业。核算表明，2005 年造纸、采矿、电力、食品、化工、冶金等高污染、高消耗行业依然在快速增长，这些行业仍然高居污染扣减指数的前列。从各工业行业来看，增加值污染扣减指数最低的行业是烟草制品业，扣减指数为 0.04%；其次为自来水生产供应业和通信计算机设备制造业，扣减指数分别为 0.05% 和 0.06%，不超过 0.1% 的行业还有家具制造业、电气机械业和文教用品业等，说明这些行业的环境污染程度相对较小。增加值污染扣减指数最高的两个行业分别是造纸业和有色金属矿采选业，分别为 32.08% 和 10.79%，说明这两个行业的经济与环境效益比最低，污染比较严重。39 个行业的污染扣减指数如图 0-5 所示。

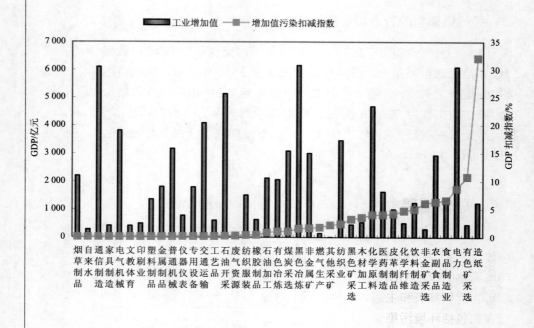

图 0-5 39 个工业行业增加值及其污染扣减指数

第 1 章

核算框架

1.1 总体框架

中国环境经济核算体系总体框架由 4 组核算表组成：①环境实物量核算表；②环境价值量核算表；③环境保护投入产出核算表；④经环境调整的绿色 GDP 核算表。其中，环境实物量核算表又由环境污染实物量核算表和生态破坏实物量核算表组成，同样，环境价值量核算表也包括环境污染价值量核算表和生态破坏价值量核算表。环境污染实物量核算与价值量核算还分为各地区与各部门的核算表，而生态破坏实物量核算与价值量核算只分为各地区核算表。总体框架组成如图 1-1 所示。

1.2 2005 年核算内容

2005 年开展的环境经济核算内容由 3 部分组成：①环境实物量核算，分为水污染、大气污染和固体废物实物量核算；②环境价值量核算，分别从治理成本法和污染损失法的角度核算水污染价值、大气污染价值和固体废物污染价值；③经环境污染调整的 GDP 核算。与 2004 年相比，2005 年的核算增加了两项内容：一是公路交通运输行业的污染物实物量核算和虚拟治理成本核算，二是在环境退化成本的核算中，增加了污染引起的额外清洁劳务费用经济损失。

基于上述核算内容，具体的核算表式（附表 1～附表 21）包括：按部门分的水污染实物量核算表、按地区分的水污染实物量核算表；按部门分的大气污染实物量核算表、按地区分的大气污染实物量核算表；按部门分的固体废物污染实物量核算表、按地区分的固体废物污染实物量核算表、按地区分的生活垃圾污染实物量核算表；按部门分的水污染价值量核算表、按地区分的水污染价值量核算表；按部门分的大气污染价值量核算表、按地区分的大气污染价值量核算表；按部门分的固体废物污染价值量核算表、按地区分的固体废物污染价值量核算表、按地区分的生活垃圾污染价值量核算表；污染物（产业部门）价值核算汇总表（治理成本法）、污染物（地区）价值核算汇总表（治理成本法）；污染物（地区）价值核算汇总表（污染损失成本法）；经环境污染调整的 GDP 地区核算表、经环境污染调整的 GDP 产业部门核算表。

与 2004 年相同，2005 年的核算报告对于环境保护投入产出核算、生态破坏损失的实物量核算和价值量核算的内容依然没有考虑。

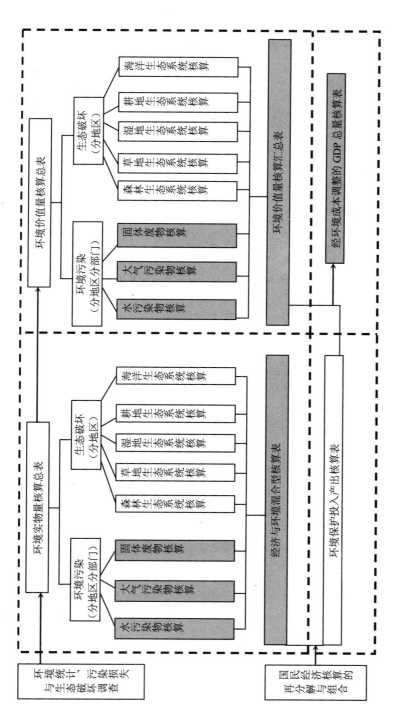

图 1-1 中国环境经济核算体系总体框架

第 2 章

核算方法和数据来源

2.1 实物量核算

2.1.1 水污染核算

（1）核算范围。种植业、畜牧业、工业行业、第三产业废水和生活废水。

（2）核算对象。废水和废水中的污染物——COD、氨氮、石油类、重金属和氰化物。

（3）核算指标。废水排放量、废水排放达标量、废水排放未达标量以及污染物去除量、排放量和产生量。其中，工业废水核算 COD、氨氮、氰化物、石油类 4 种污染物的产生量、去除量和排放量，以及重金属排放量；畜禽养殖业、种植业和生活废水仅核算 COD 和氨氮两种污染物的产生量、去除量和排放量。

（4）废水排放量、排放达标量和排放未达标量的核算方法。工业废水排放量以环境统计中各地区的工业废水排放量和各行业的废水排放量结构为基准，并修正排放达标率，进行废水实物量的核算；城市生活废水直接采用环境统计数据；种植业、畜牧业和农村生活废水分别采用耗水系数法、畜禽废水产生系数法和人均综合生活废水产生系数法进行推算。

（5）污染物产生、去除和排放量的核算方法。与工业废水排放量的核算方法相对应，以环境统计的实物量数据为基准、进行适当修正后完成工业废水中污染物的核算；城市生活废水污染物直接采用环境统计数据；种植业、畜牧业和农村生活废水污染物分别采用单位污染物源强系数法、畜禽污染物排泄系数法和人均综合生活污染物产生系数法进行推算。

（6）数据来源。中国环境统计年报 2005、中国环境质量报告书 2005、中国城市建设统计年报 2005、中国环境统计年鉴 2006、中国统计年鉴 2006、中国畜牧业年鉴 2005 等。

2.1.2　大气污染核算

（1）核算范围。农业、工业行业、第三产业和生活废气。

（2）核算对象。SO_2、烟尘、工业粉尘和氮氧化物。

（3）核算指标。工业 SO_2、烟尘、粉尘和氮氧化物的产生量、排放量和去除量，以及第三产业和城市生活 SO_2、烟尘和氮氧化物的产生量、排放量和去除量，农业和农村生活 SO_2、烟尘和氮氧化物的产生排放量。

（4）核算方法。采用环境统计与能源消耗衡算和排放系数相结合的方法。

（5）数据来源。中国环境统计年报 2005、中国环境质量报告书 2005、中国城市建设统计年报 2005、中国能源统计年鉴 2006、中国统计年鉴 2006、中国统计年鉴 2005、全国交通统计资料汇编 2005。

2.1.3　固废污染

（1）核算范围。工业行业和城镇生活固体废弃物。

（2）核算对象。一般工业固体废物、工业危险废物和生活垃圾。

（3）核算指标。工业固体废物和危险废物的产生量、综合利用量、贮存量、处置量和排放量；城市生活垃圾的产生量、卫生填埋量、填埋量、无害化焚烧量、简单处理量和堆放量。

（4）核算方法。一般工业固体废物和危险废物利用环境统计数据，城镇生活垃圾产生量利用人均垃圾产生量核算获得，其他数据利用城市建设年报统计数据。

（5）数据来源。中国环境统计年报 2005、中国城市建设统计年报 2005。

2.2　价值量核算

2.2.1　环境污染价值量的核算方法

进行环境污染价值量核算，也就是核算环境污染成本。环境污染成本由污染治理成本和环境退化成本两部分组成。其中，污染治理成

23

本又可分为实际污染治理成本和虚拟污染治理成本。污染实际治理成本是指目前已经发生的治理成本；虚拟治理成本是指将目前排放至环境中的污染物全部处理所需要的成本。环境退化成本是指在目前的治理水平下，生产和消费过程中所排放的污染物对环境功能造成的实际损害。

利用治理成本法计算虚拟治理成本，忽视了排放污染物所造成的环境危害，等于假设治理污染的成本与污染排放造成的危害相等，因此环境污染治理的效益无从体现。因此，从严格的意义上来讲，利用这种虚拟治理成本核算得到的仅是防止环境功能退化所需的治理成本，是污染物排放可能造成的最低环境退化成本，并不是实际造成的环境退化成本。

利用污染损失成本法计算环境退化成本，需要进行专门的污染损失调查，确定污染排放对当地环境质量产生影响的货币价值，从而确定污染所造成的环境退化成本。环境退化成本一般是以污染地域范围来计算的，它对 GDP 的调整仅限于总量层次，要分解到产生污染排放的各个部门有一定的技术困难。但从理论上来说，污染损失才是真正的环境退化成本，只有进行污染损失估算才能体现污染治理的效益。

环境污染价值量核算主要包括以下内容：各地区的水污染价值量核算、大气污染价值量核算、工业固体废物污染价值量核算、城市生活垃圾污染价值量核算和污染事故经济损失核算；各部门的水污染价值量核算、大气污染价值量核算、工业固体废物污染价值量核算和污染事故经济损失核算。其中，污染损失成本法仅按地区核算。

2.2.2 实际污染治理成本

（1）工业废水和废气的实际污染治理成本。采用统计数据，数据来源为中国环境统计年报 2005。

（2）畜禽废水、工业固废、城市生活垃圾和生活废气的实际治理成本采用模型核算。实际治理成本的核算在理论上比较简单，为污染物处理实物量与污染物的单位治理运行成本的乘积，计算公式为：

实际污染治理成本＝污染物治理（去除）量×单位实际治理成本

污染物的治理或去除量通过实物量核算获得，因此，该核算的关键是单位治理运行成本的确定。本年度核算报告中所采用的单位实际治理成本来自于相关研究和试点调查数据。

2.2.3　虚拟污染治理成本

计算方法与上述实际污染治理成本的计算方法相同，利用实物量核算得到的排放数据以及单位污染物的虚拟治理成本，计算为治理所有已排放的污染物应该花费的成本。计算公式为：

虚拟污染治理成本 ＝ 污染物排放量×单位虚拟治理成本

虚拟污染治理成本的核算难点在于单位虚拟治理成本的确定。考虑到核算的简约性，本核算报告采用的单位虚拟治理成本和单位实际治理成本相同。

2.2.4　环境退化成本

利用污染损失成本法核算环境退化成本。采用这种方法，需要进行专门的污染损失调查，采用一定的技术方法，确定污染排放对当地环境质量产生的影响，如环境污染与产品产量、人体健康等的剂量反应关系，并以货币的形式量化这些影响，从而确定污染所造成的环境退化成本。

（1）污染经济损失的核算内容。按污染介质来分，本次核算包括大气污染、水污染和固体废弃物污染造成的经济损失；按污染危害终端来分，本次核算包括人体健康经济损失、工农业（种植业、林牧渔业）生产经济损失、水资源经济损失、材料经济损失、土地丧失生产力引起的经济损失和对生活造成影响的经济损失。本次污染经济损失的核算范围见表 2-1。

表 2-1　环境污染经济损失核算内容

危害终端 污染因子	人体健康	种植业	牧业	渔业	土地	水资源	材料	工业	生活
大气污染									
SO₂		√					√		
TSP（PM₁₀）	√	√							√
酸雨		√					√		
水污染									
饮用水污染	√								
水环境污染		√	√	√				√	√
污染型缺水		√	√	√				√	√
固体废物污染					√				
污染事故	√	√	√	√		√	√	√	

（2）各项污染经济损失的内涵。

➤ 大气污染造成的健康损失：物理终端包括因大气污染造成的城市居民全因过早死亡人数、呼吸和循环系统住院人数和慢性支气管炎的发病人数，经济损失核算终端包括过早死亡、住院和休工以及慢性支气管炎患者长期患病失能造成的经济损失。

➤ 大气污染造成的农业损失：危害终端为污染区相对于清洁对照区主要农作物产量的减产及其造成的经济损失，农作物包括水稻、小麦、油菜子、棉花、大豆和蔬菜。

➤ 大气污染造成的材料损失：危害终端为污染条件下材料使用寿命的减少及其造成的经济损失，评价材料包括水泥、砖、铝、油漆木材、大理石/花岗岩、陶瓷和马赛克、水磨石、涂料/油漆灰、瓦、镀锌钢、涂漆钢、涂漆钢防护网和镀锌钢防护网。

➤ 大气污染对日常生活造成的损失：大气污染会导致清洁人力、物力和清洁频率的增加。大气污染对日常生活造成的损失危害终端为个人、家庭以及社会因污染引起的清洁费用支出和劳务支出的增加。本报告中本项损失核算范围包括大气污染造成的街道、公交出租车、建筑物外立面和家庭的额外清洁劳务费用。

➤ 污染型缺水造成的经济损失：由于污染造成的缺水给工农业生产和人民生活带来的经济损失。

➤ 水污染造成的健康损失：危害终端为农村不安全饮用水覆盖人口的介水性传染病和癌症发病造成的经济损失。

➤ 水污染造成的农业损失：不符合农业灌溉水质或劣Ⅳ类农业用水对种植业和林牧渔业生产造成的减产降质经济损失。

➤ 水污染造成的工业防护费用损失：工业企业预处理劣Ⅳ类工业用水的额外治理成本。

➤ 水污染造成的城市生活经济损失：水污染引起的城市生活经济损失由两部分组成，第一部分为城市生活用水的额外治理成本，第二部分为城市居民因为担心水污染而带来的家庭纯净水和自来水净化装置额外防护成本。

➤ 固废堆放侵占土地造成的损失：工业固体废物、城市和农业生活垃圾堆放占地造成的土地机会丧失。

> 污染事故造成的损失：一般环境污染事故造成的直接经济损失和渔业污染事故造成的直接经济损失和渔业资源损失。

（3）数据来源。中国统计年鉴 2006、中国城市统计年鉴 2005、各省统计年鉴 2006[①]、中国城市建设统计年报 2005、中国卫生统计年鉴 2006、中国卫生服务调查研究——第三次国家卫生服务调查分析报告、中国乡镇企业年鉴 2005、试点省市绿色国民经济核算与环境污染损失调查数据。环境质量数据由中国环境监测总站提供，农产品价格由国家发改委价格监测中心提供。

2.3 经环境污染调整的 GDP 核算

将水污染价值量核算、大气污染价值量核算和固体废物污染价值量核算的结果按行业和地区进行汇总，即得到经环境污染调整的绿色 GDP 总量。

核算方法有 3 种：

（1）生产法。

$$EDP=总产出-中间投入-环境成本$$

（2）收入法。

$$EDP=劳动报酬+生产税净额+固定资本消耗+$$
$$经环境成本扣减的营业盈余$$

（3）支出法。

$$EDP=最终消费+经环境成本扣减的资本形成+净出口$$

在本报告中，根据生产法核算的国内生产总值称为行业合计 GDP，利用 31 个省市地区生产总值合计得到的国内生产总值称为地区合计 GDP。本报告采用虚拟治理成本调整生产法下的国内生产总值 GDP，得到经虚拟治理成本调整的 GDP，即 EDP，并计算 GDP 污染扣减指数和环境退化成本占 GDP 的比例：

污染扣减指数＝虚拟治理成本/国内生产总值×100%

环境退化成本占 GDP 的比例＝环境退化成本/国内生产总值×
100%

经济总产出、中间投入等数据来源于中国统计年鉴 2006。

[①] 到本报告计算截至日前，未获得《云南省统计年鉴 2006》和《西藏自治区统计年鉴 2006》。

第 3 章

实物量核算结果

3.1 水污染实物量核算结果

　　2005 年，全国废水排放量 651.3 亿 t，比 2004 年增加 7.3%；全国 COD 排放量 2 195.0 万 t，比 2004 年增加 4.1%；全国氨氮排放量 242.5 万 t，比 2004 年增加 8.7%。

3.1.1 结果说明

　　（1）进行种植业的废水实物量核算时，仅计算流入水体的废水排放量。本核算假设种植业的废水排放量与废水排放未达标量相等。

　　（2）城市生活废水由居民家庭生活废水和第三产业（公共服务）废水两部分组成，数据分析时，将这两部分废水合称为城市生活废水与第一产业和第二产业进行比较分析。

　　（3）农村生活废水由两部分组成，即农村居民生活废水和散养畜禽废水。与种植业类似，只计算流入水体的废水排放量，简化将农村生活废水排放量与废水排放未达标量视为相等。

　　（4）由于建筑业基本不产生生产废水，生活废水包括在城市生活废水中，因此，核算第二产业废水时忽略建筑业废水。由于自来水生产供应业的废水产生排放量都很小，因此，第二产业中也不对自来水生产供应业进行核算。

　　（5）截至本报告完成前，畜牧业 2006 年统计数据尚未公开发表。本报告畜禽养殖业废水和废水中污染物核算结果基于《中国畜牧业年鉴 2005》以及 2006 年畜禽养殖总量估算获得。

　　（6）2005 年分部门和分地区的废水实物量核算结果见附表 1 和附表 2。

3.1.2 部门核算结果分析

（1）2005 年全国废水排放量比 2004 年略有增加。2005 年全国废水排放量 651.3 亿 t，比 2004 年增加 7.3%。其中，工业废水排放量 243.1 亿 t，比 2004 年增加 9.9%；城市生活废水排放量 281.4 亿 t，比 2004 年增加 7.7%；第一产业废水排放量 126.8 亿 t，比 2004 年下降 1.5%。

2005 年，全国 COD 排放量 2 195.0 万 t，比 2004 年增加 4.1%，其中，工业和城市生活 COD 排放量分别比 2004 年增加 5.3% 和 3.6%，第一产业 COD 排放量比 2004 年下降 3.0%。

2005 年全国氨氮排放量 242.5 万 t，比 2004 年增加 8.7%，其中，工业和城市生活氨氮排放量分别比 2004 年增加 20.3% 和 7.1%，第一产业氨氮排放量比 2004 年下降 2.7%。

（2）城市生活废水排放量、未达标排放量均居首位。表 3-1 为 2005 年全国按部门的废水和污染物实物量核算结果。2005 年全国废水排放量 651.3 亿 t，其中，城市生活废水排放量最大，为 281.4 亿 t，占全国废水排放量的 43.2%，其次为第二产业废水，排放量达到 243.1 亿 t，占全国废水排放量的 37.3%。废水排放未达标量最高的也是城市生活废水，共计 193.6 亿 t，占全国总量的 52.1%，工业废水未达标量最小，为 51.6 亿 t，占全国总量的 34.0%。

表 3-1　2005 年全国分部门的废水和主要污染物实物量核算结果

行业		COD/万 t	氨氮/万 t	废水/亿 t		
				排放量	排放达标量	排放未达标量
排放量	第一产业	551.2	82.7	126.8	0.7	126.1
	第二产业	784.4	62.5	243.1	191.5	51.6
	城市生活	859.4	97.2	281.4	87.9	193.6
	合计	2 195.0	242.5	651.3	280.0	371.3
比例/%	第一产业	25.1	34.1	19.5	0.2	34.0
	第二产业	35.7	25.8	37.3	68.4	13.9
	城市生活	39.2	40.1	43.2	31.4	52.1

从表 3-1 中还可以看出，2005 年全国 COD 排放量 2 195 万 t，其中，COD 排放量最大的是城市生活废水，占总排放量的 39.2%，其次为第二产业，占总排放量的 35.7%，排放量最小的是第一产业，即农业面源废水，占总排放量的 25.1%。

2005 年全国氨氮排放量 242.5 万 t，氨氮排放量最大的依然是城市生活废水，占总排放量的 40.1%，其次为第一产业废水，占总排放量的 34.1%，排放量最小的是第二产业，占总排放量的 25.8%。

（3）造纸和化工仍是工业废水排放的重点行业，处理水平有待提高。各工业行业中废水排放量和排放未达标量列前 2 位的都是造纸和化工行业，这两个行业的废水排放量和排放未达标量之和分别占总量的 34.9% 和 42.2%；废水排放量排在第 3~6 位的分别是电力、纺织业、黑色冶金和食品加工业。各工业行业废水排放量见图 3-1。

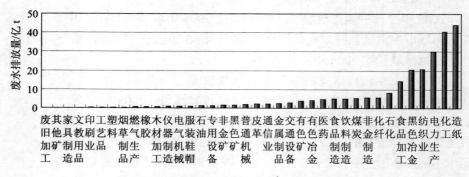

图 3-1　2005 年各工业行业废水排放量

全国各工业行业平均废水排放达标率为 80.5%，其中，橡胶制品业、塑料制品业、电力等 6 个行业的废水排放达标率最高，均为 90.7%；而食品制造业、石油和天然气开采业、农副食品加工业等行业的废水排放达标率最低，都低于 70%。

（4）各工业行业污染物排放差异显著，重点污染行业治理任务艰巨。表 3-2 为各项污染物排放量位列前 6 位的工业行业。其中：

➢ 有色冶金、有色矿采选、化工是重金属排放的主要排放行业，三者占第二产业排放量的 78.3%，前 6 位排放量占第二产业排放量的比重达到了 93.2%。

➢ 黑色冶金、化工、有色矿采选是氰化物排放的主要排放行业，三者占第二产业排放量的 81.1%，前 6 位排放量占第二产业排放量的比重达到了 94.6%。

➢ 石化、石油和天然气开采、黑色冶金是石油类污染物的主要排放行业，三者占第二产业排放量的 74%，前 6 位排放量占第二产业排放量的比重达到了 89.1%。

➤ 化工行业是氨氮排放量的绝对大户，仅这一个行业的排放量
　　就占第二产业氨氮总排放量的 47.2%。

表 3-2　2005 年全国工业废水主要污染物排放量（前 6 位）

重金属			氰化物			COD			石油			氨氮		
行业	排放量/t	比例/%	行业	排放量/t	比例/%	行业	排放量/万t	比例/%	行业	排放量/万t	比例/%	行业	排放量/万t	比例/%
有色冶金	484	48.3	黑色冶金	1 367	36.6	造纸	315	40.2	石化	2.1	27.0	化工	29.5	47.2
有色矿	156	15.5	化工	1 197	32.0	食品加工	92	11.7	石油	2.0	25.2	食品加工	5.8	9.3
化工	145	14.5	有色矿	467	12.5	化工	80	10.2	黑色冶金	1.7	21.8	造纸	5.6	9.0
黑色冶金	81	8.1	石化	212	5.7	纺织业	48	6.1	化工	0.9	12.0	食品制造	4.5	7.2
金属制品	34	3.4	电力生产	191	5.1	饮料制造	38	4.8	普通机械	0.1	1.7	石化	2.9	4.7
电力生产	34	3.3	金属制品	103	2.8	食品制造	32	4.1	电力生产	0.1	1.5	黑色冶金	2.8	4.4
第二产业	1 002	93.2	第二产业	3 739	94.6	第二产业	784	77.2	第二产业	7.9	89.1	第二产业	62.5	81.9

　　造纸仍然是 COD 的主要贡献行业，其次依次为食品加工、化工、
纺织、饮料制造和食品制造，这 6 个行业占总 COD 排放量的 81.9%；
各工业行业 COD 排放情况见图 3-2。

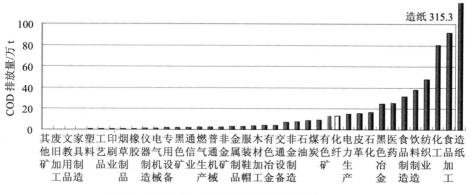

图 3-2　2005 年各工业行业 COD 排放量

3.1.3 　地区核算结果分析

（1）东部地区废水及主要污染物排放量均排首位。2005 年全国分地区的废水和主要污染物实物量核算结果见表 3-3 和图 3-3。从废水排放情况来看，东部、中部和西部依次降低，其中，东部地区的废水排放量和排放未达标量最高，分别为 331.1 亿 t 和 162.0 亿 t，所占比例分别为 50.8%和 43.6%；西部地区的废水排放量和排放未达标量最少，分别为 141.6 亿 t 和 90.7 亿 t，所占比例分别为 21.7%和 24.4%。

表 3-3 　2005 年全国分地区的废水和主要污染物实物量核算结果

地区		污染物排放量					废水/亿 t		
		重金属/ t	氰化物/ t	COD/ 万 t	石油/ 万 t	氨氮/ 万 t	排放量	排放达标量	排放未达标量
排放量	东部	128	1 233	857.4	3.1	93.2	331.1	169.1	162.0
	中部	306	1 774	734.4	2.9	88.4	178.6	60.0	118.6
	西部	568	733	603.3	2.0	60.9	141.6	50.9	90.7
	合计	1 002	3 739	2 195.0	8.0	242.5	651.3	280.0	371.3
比例/ %	东部	12.8	33.0	39.1	39.0	38.4	50.8	60.4	43.6
	中部	30.5	47.4	33.5	36.0	36.5	27.4	21.4	31.9
	西部	56.7	19.6	27.5	25.0	25.1	21.7	18.2	24.4

西部地区矿产资源丰富，其产业特点决定了该地区的重金属排放量最大，占全国重金属排放量的 56.7%；中部地区的氰化物排放量比例最高，约占总排放量的一半，这和中部地区山西、湖北、湖南、河南和江西几个省以化工、冶金和金属矿采选业为支柱产业的产业特点有关；东部地区的 COD、石油和氨氮排放量最大，所占比例分别为 39.1%，39.0%，38.4%，这与东部地区经济发展水平高、人口比重大、轻化工业发达密切相关。

（2）各地区废水排放达标情况不容乐观，城市生活废水处理水平亟待提高。图 3-4 为全国 31 个省、自治区和直辖市的废水达标排放情况，包括工业废水、城市生活废水及两者平均，可以看出，工业废水处理水平普遍高于城市生活废水。全国各省市工业废水平均排放达标率已经达到 78.8%，城市生活废水的平均排放达标率仅为 31.2%。

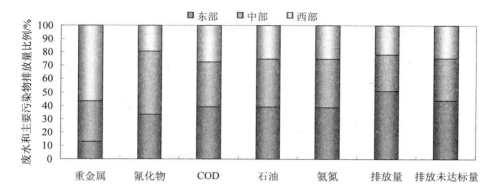

图 3-3　东、中、西部地区的废水和主要污染物排放量比较

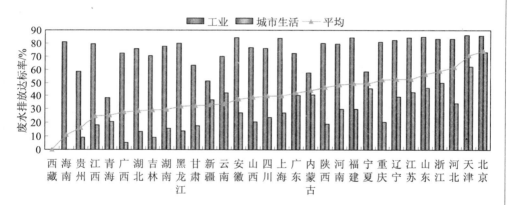

图 3-4　31 个省、自治区和直辖市的废水排放达标情况

　　从工业废水排放达标率来看，西部各省市普遍低于中东部各省市；从城市生活污水排放达标率来看，天津市和北京市明显高于其他省市，分别为 62.4% 和 73.1%；从平均废水达标率来看，天津市和北京市的平均废水排放达标率较高，均超过 70%，海南、贵州的平均废水排放达标率较低，不到 20%。

　　（3）各地区产业结构不同，废水排放结构有所差异。图 3-5 为全国 31 个省市的废水排放构成。从农业废水排放比例来看，北京的比例最低，不到 1%，江西的比例最高，为 45.5%；从城市生活废水比例来看，福建的比例最低，只有 29.8%，上海和北京的比例远远高于其他省市的比例，分别为 70.7% 和 86.5%；从工业废水比例来看，北京、海南、西藏的比例较低，均不到 15%，浙江、重庆、宁夏、河北的比例较高，均超过了 50%。

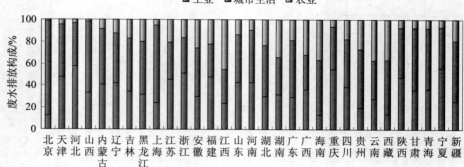

图3-5　31 个省、自治区和直辖市的废水排放构成

（4）各省市主要排放污染物各不相同，治理重点各有侧重。表
3-4 为 2005 年污染物排放量位列前 6 位的省市，其中：

➤ 湖南、甘肃两省的重金属排放量分别为 353.7 t 和 224.1 t，
两省占全国重金属排放量的比例达到 57.7%，而排名前 6 位
的省市重金属排放量占全国的 74.8%。

➤ 安徽、陕西两省的氰化物排放量之和也占到全国排放量的
51.0%，排名前 6 位的省市氰化物排放量占全国的 78.1%。

➤ 广西是 COD 排放量最高的地区，达到了近 160 万 t，占全国
排放量的 7.3%，其次为广东，占全国排放量的 6.8%，排名
前 6 位的省市 COD 排放量占全国的 38.1%。

➤ 陕西是石油污染物排放大省，占全国 10.7%，其次为江苏，
占全国排放量的 9.3%，排名前 6 位的省市石油排放量占全
国的 47.6%。

➤ 湖南的氨氮排放量较高，占全国 7.2%，河南、广东紧随其
后，分别为 6.7%、6.2%，排名前 6 位的省市氨氮排放量占
全国的 36.9%。

从上述分析可以看出，各省市的主要排放污染物各不相同，治理
重点应各有侧重。

表 3-4　2005 年全国废水主要污染物排放量列前 6 位的省市

	重金属			氰化物			COD			石油			氨氮	
省市	排放量/t	比例/%	省市	排放量/t	比例/%	省市	排放量/万 t	比例/%	省市	排放量/t	比例/%	省市	排放量/万 t	比例/%
甘肃	353.7	35.3	安徽	4 686	31.9	广西	159.5	7.3	陕西	8 485	10.7	湖南	17.6	7.2
湖南	224.1	22.4	陕西	2 811	19.1	广东	149.7	6.8	江苏	7 361	9.3	河南	16.2	6.7
广西	48.9	4.9	内蒙古	1 353	9.2	湖南	145.0	6.6	湖北	6 565	8.3	广东	14.9	6.2
云南	46.1	4.6	河南	1 300	8.9	江苏	140.5	6.4	河北	5 867	7.4	江苏	13.9	5.7
广东	38.3	3.8	贵州	662	4.5	四川	121.5	5.5	黑龙江	4 856	6.1	广西	13.6	5.6
江西	37.9	3.8	湖南	655	4.5	山东	120.0	5.5	辽宁	4 638	5.8	湖北	13.4	5.5
6 省合计	749.0	74.8	6 省合计	11 467	78.1	6 省合计	836.2	38.1	6 省合计	37 774	47.6	6 省合计	89.6	36.9
全国	1 001.8	100.0	全国	14 687	100.0	全国	2 195.0	100.0	全国	79 350	100.0	全国	242.5	100.0

3.2　大气污染实物量核算结果

3.2.1　结果说明

（1）与 2004 年相比，大气污染实物量核算增加了公路交通污染 NO_x 产生量、排放量和去除量的计算，同时生活用能废气核算人口基数也扩大为全口径城镇人口，因此，与 2004 年相比，NO_x 的产生量、排放量和去除量有一定程度的增加，虚拟治理成本核算范围也相应扩大。

（2）由于目前缺乏 NO_x 的环境统计数据，因此，采用污染因子排放系数和能源消耗量计算工业行业 NO_x 的产生量，并假定除电力行业的 NO_x 去除率为 5%（低氮燃烧）外，其他行业都为零。

（3）本报告根据能源统计中电力和生活的燃煤量以及 SO_2 排放因子对 SO_2 的产生和排放量重新进行核算，烟尘和工业粉尘产生量、去除量和排放量采用环境统计数据。

（4）2005 年分部门和分地区的废气实物量核算结果见附表 3 和附表 4。

3.2.2　部门核算结果分析

（1）2005 年大气污染物排放量比 2004 年略有增加。2005 年全国 SO_2 排放量 2 568.5 万 t，比 2004 年增加 118.4 亿 t，增长了 4.8%。其中，第二产业 SO_2 排放量 2 311.5 万 t，比 2004 年增加 5.8%；城市生

活 SO₂ 排放量 110.0 万 t，比 2004 年下降 1.0%；第一产业 SO₂ 排放量 147.0 万 t，比 2004 年下降 4.2%。

2005 年全国烟尘排放量 1 182.5 万 t，比 2004 年增加 87.0 万 t，增长了 7.9%。其中，工业烟尘排放量 959.2 万 t，比 2004 年增加 7.1%；城市生活烟尘排放量 95.6 万 t，比 2004 年增加了 14.0%；第一产业烟尘排放量 127.7 万 t，比 2004 年上升 10.4%。

2005 年全国工业粉尘排放量 911.2 万 t，比 2004 年增加 6.1 万 t，增长了 0.7%。

2005 年全国氮氧化物排放量 1 937.1 万 t，比 2004 年增加 290.5 万 t，增长了 17.6%。其中，工业氮氧化物排放量 1 434.5 万 t，比 2004 年增加 8.9%；城市生活氮氧化物排放量 472.7 万 t；第一产业氮氧化物排放量 29.8 万 t，比 2004 年增加 15.8%。

（2）大气污染物排放主要集中在第二产业。从表 3-5 来看，第二产业废气产生量和排放量都是最大，其中 SO₂ 排放 2 311.5 万 t，占全国废气排放量的 90.0%，第一产业 SO₂ 排放量占全国废气排放量的 5.7%，第三产业和城市生活 SO₂ 排放量仅占全国废气排放量的 4.3%；第二产业烟尘的排放量占全国烟尘总排放量的 81.1%，NO$_x$ 的排放量占全国 NO$_x$ 排放量的 74.1%。

表 3-5　按部门分的大气污染实物量核算表　　　　　单位：万 t

行业	SO₂		烟尘		工业粉尘		NO$_x$	
	产生量	排放量	产生量	排放量	产生量	排放量	产生量	排放量
第一产业	147.0	147.0	127.7	127.7			29.8	29.8
第二产业	3 419.2	2 311.5	21 582.0	959.2	7 365.0	911.2	1 464.0	1 434.5
城市生活	270.5	110	428.9	95.6			502.3	472.7
合计	3 836.6	2 568.5	22 138.6	1 182.5	7 365.0	911.2	1 996.1	1 937.1

（3）电力行业是大气污染的主要控制行业。2005 年工业行业共排放 SO₂ 2 311.5 万 t，其中污染主要集中在电力和非金制造业，这两个行业 SO₂ 排放量占工业行业总排放量的 70.8%，其中电力行业排放的 SO₂ 占工业总排放量的 62.2%。燃烧过程 SO₂ 排放量占工业总排放量的 85.8%，工艺工程占 14.1%。在燃烧过程排放的 SO₂ 中电力行业占 72.7%，是 SO₂ 排放量的绝对大户。工艺过程中排放的 SO₂ 主要集中在非金属制品、钢铁、化工、有色冶金和石化 5 个行业，这 5 个行

业工艺过程中排放的 SO₂ 总量为 306.2 万 t，占工业工艺过程 SO₂ 总排放量的 94.1%。

2005 年工业行业共排放烟尘 959.2 万 t，排放同样集中在电力和非金属矿物制造业，这两个行业烟尘排放量达 620.9 万 t，占工业行业总排放量的 64.7%。2005 年全国共排放工业粉尘 911.2 万 t，主要集中在非金属制品和钢铁行业，这两个行业工业粉尘排放量达 769.6 万 t，占工业粉尘总排放量的 84.5%。2005 年工业行业共排放 NO$_x$ 1 434.5 万 t，也主要集中在电力和钢铁行业，其中电力行业排放 909.3 万 t，占工业排放总量的 63.4%。

通过以上分析可以看出，大气污染物排放主要集中在电力、非金属制品、钢铁和化工 4 个行业，尤其电力行业的污染物排放占较大比例，仍是未来一段时间内大气污染物治理的重点行业。主要工业行业大气污染物排放量见图 3-6。

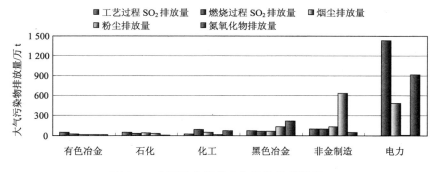

图 3-6　主要工业行业大气污染物排放量

（4）大气污染物去除率差异较大，重点污染行业治污任务依然艰巨。从图 3-7 中可以看出：①烟尘和工业粉尘的处理率相对较高，但 SO₂ 和 NO$_x$ 治理任务仍然艰巨。工业行业的烟尘和工业粉尘的去除率分别为 95.6% 和 87.6%，SO₂ 在燃烧过程的去除率和工艺过程的去除率分别只有 17.4% 和 67.5%，而 NO$_x$ 由于监测和减排的技术问题，目前尚未形成治理能力。②污染物排放的重点行业污染物的去除率普遍不高。作为 SO₂ 排放的重点大户——电力行业，在燃烧过程中对 SO₂ 的去除率只有 14.7%，低于工业平均的 17.4%，工艺过程中 SO₂ 的排放量最多的非金制造的去除率只有 26.1%，远远低于平均水平 67.5%。

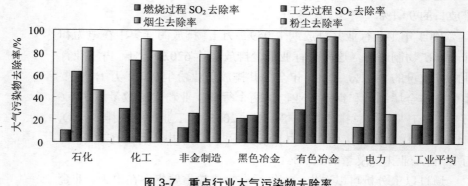

图 3-7　重点行业大气污染物去除率

3.2.3　地区核算结果分析

（1）东部地区大气污染物去除率最高，但污染物排放量也相对较大。从图 3-8 和图 3-9 中的东、中、西部地区大气污染物排放量和治理水平可以看出，东部地区烟尘和粉尘的治理水平略高于中、西部，但 3 个地区的 SO_2 治理水平没有太大差距，都比较低；由于东部地区人口多、能源消耗量大、产业集中，东部地区 SO_2 和 NO_x 的排放量远高于中、西部地区，烟尘和粉尘的排放量略低于中、西部地区。

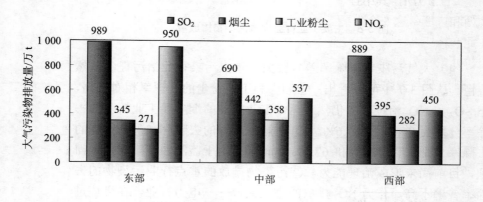

图 3-8　东、中、西部地区的大气污染物排放量

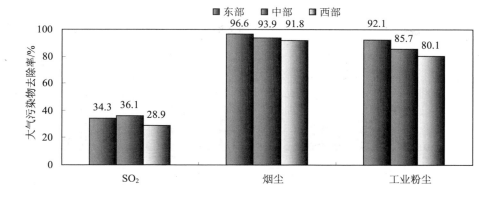

图 3-9　东、中、西部地区的大气污染物去除率

（2）北方地区的大气污染物排放量大，治理任务重。2005 年全国共排放 SO_2 2 568.5 万 t，表 3-6 是 2005 年大气污染物列前 5 位的省级行政区及其排放量和去除率。SO_2 排放最多的 5 个省市分别是：山东、河北、山西、江苏和河南。这 5 个省市 SO_2 排放量占全国总排放量的 31.7%，其中，仅有河北省的 SO_2 的去除率略高于全国平均水平，治理任务非常繁重。2005 年全国共排放烟尘 1 182.5 万 t，烟尘排放量大的以北方省份居多，山西、四川、河南、辽宁和内蒙古这 5 个省区烟尘排放量占全国总排放量的 36.9%，2005 年全国共排放工业粉尘 911.2 万 t，其中排放最多的 5 个省区分别是湖南、河北、河南、山西和广西，这 5 个省区粉尘排放量占全国总排放量的 37.7%，仅有河北和河南两省的烟尘去除率略高于全国平均水平。河北、山西和河南等北方省份的大气污染问题较为突出。图 3-10 是全国 31 个省市的 SO_2 排放量与去除率。

表 3-6　2005 年大气污染物列前 5 位的省级行政区及其排放量和去除率

	SO_2			烟尘			工业粉尘	
省份	排放量/万 t	去除率/%	省份	排放量/万 t	去除率/%	省份	排放量/万 t	去除率/%
山东	203.0	31.4	山西	112.2	94.1	湖南	76.9	78.3
河南	167.2	18.7	河南	92.8	95.2	河北	71.3	89.9
河北	150.9	35.3	四川	79.1	85.5	河南	70.4	88.4
山西	149.0	24.4	内蒙古	77.8	93.4	山西	69.5	77.2
内蒙古	148.6	15.4	辽宁	74.6	94.1	广西	55.6	80.7
全国	2 568.5	33.1	全国	1 182.5	94.6	全国	911.2	87.6

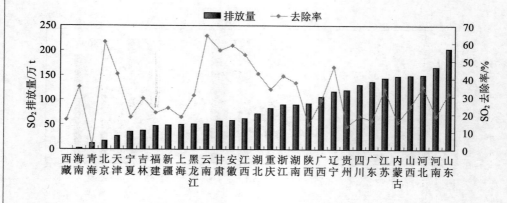

图 3-10　全国 31 个省区市的 SO_2 排放量与去除率

3.3　固体废物污染实物量核算结果

3.3.1　结果说明

（1）固体废物实物量核算，按废物类别分为工业固体废物、危险废物和城市生活垃圾 3 种，一般工业固体废物和危险废物利用环境统计数据，城镇生活垃圾除垃圾产生量外利用城建年报统计数据。

（2）生活垃圾产生量利用人均垃圾产生量和城镇人口计算获得，由于缺乏数据支持，没有计算城镇生活垃圾的综合利用量。

（3）固体废物实物量核算范围仅包括工业固体废物和城市生活垃圾，没有对第一产业固体废物和农村生活垃圾进行核算。

（4）2005 年分部门和分地区的工业固体废物实物量核算结果见附表 5 和附表 6，城市生活垃圾实物量核算结果见附表 7。

3.3.2　一般工业固体废物核算结果分析

2005 年全国一般工业固体废物产生量为 13.3 亿 t，比 2004 年增加 1.43 亿 t，增长了 12.0%。2005 年一般工业固体废物利用量为 7.84 亿 t，其中利用当年固体废物量为 7.56 亿 t，处置量为 3.05 亿 t，一般工业固体废物的利用处置率为 81.8%。

（1）一般工业固体废物中以煤炭采选和黑色冶金处置利用率较高。2005 年全国一般工业固体废物行业产生量列前 5 位的依次为电力、黑色冶金、煤炭采选、有色金属和黑色金属矿采选业，这 5 个行业的产生量占总产生量的 78.3%，其中，煤炭采选和黑色冶金行业处置利用率较高，均接近 90%，金属矿采选业的处置利用率较低。2005年全国一般工业固体废物产生量列前 5 位的工业行业及其实物量核算结果见表 3-7。

表 3-7　2005 年全国工业固体废物产生量列前 5 位的工业行业及其实物量核算结果

行业	产生量/万 t	综合利用量/万 t	处置量/万 t	贮存量/万 t	排放量/万 t	处置利用率/%
电力	27 760	19 972	3 380	5 503	53	84.1
黑色冶金	25 481	18 716	4 099	2 433	160	89.5
煤炭采选	19 809	12 183	5 577	2 509	476	89.7
有色金属矿	17 461	4 479	7 383	5 513	150	67.9
黑色金属矿	13 817	2 050	6 133	5 534	243	59.2
工业合计	133 268	78 432	30 517	25 511	1 597	81.8

（2）东部地区产生量大，处置利用率高。从表 3-8 可以看出，产生量排前 5 位的省区依次为河北、山西、辽宁、山东、内蒙古，这 5 个省区的产生量占总产生量的 40.5%。从表 3-9 来看，2005 年全国一般工业固体废物地区产生量，东部地区明显大于中部和西部地区，但是东部地区工业固体废物的处置利用率也是最高的，处置利用率达到 91.0%，这说明东部地区虽然固体废物产生量高，但处理水平也较高。

表 3-8　2005 年全国工业固体废物产生量列前 5 位的省市及其实物量核算结果

省份	产生量/万 t	综合利用量/万 t	处置量/万 t	贮存量/万 t	排放量/万 t	处置利用率/%
河北	16 261	8 362	5 044	3 072	42	82.4
山西	11 179	5 000	4 899	784	605	88.5
辽宁	10 189	4 251	3 526	2 419	9	76.3
山东	9 081	8 630	319	560	0.1	98.5
内蒙古	7 322	3 042	653	3 673	63	50.5
全国	133 268	78 432	30 517	25 511	1 597	81.8

表 3-9　2005 年全国分地区的工业固体废物实物量和利用处置率核算结果

地区	产生量/ 万 t	综合利用量/ 万 t	处置量/ 万 t	贮存量/ 万 t	排放量/ 万 t	处置利用率/%
东部	54 590	38 612	11 046	6 861	87	91.0
中部	41 184	23 254	11 953	5 450	637	85.5
西部	37 494	16 566	7 518	13 200	874	64.2
合计	133 268	78 432	30 517	25 511	1 597	81.8

3.3.3　危险废物实物量核算结果分析

2005 年全国危险废物产生量为 1 162.0 万 t，比 2004 年增加 168.0 万 t，增长了 16.9%。2005 年危险废物利用量为 495 万 t，其中利用当年废物量为 486.4 万 t，处置量为 339 万 t，2005 年危险废物的平均利用处置率为 71.8%。

（1）危险废物产生的行业特征明显，处置利用率差异较大。2005 年危险废物产生量列前 5 位的行业是化工、有色矿采选、非金属矿采选、石化和有色冶金业，这 5 个行业的产生量占总产生量的 77.9%，石化和化工行业的危险废物处置利用率较高，分别为 99.8% 和 89.9%，非金属矿采选业的危险废物基本以贮存的方式处理，有色矿也以贮存为主。2005 年全国危险废物产生量列前 5 位的工业行业及其实物量核算结果见表 3-10。

表 3-10　2005 年全国危险废物产生量列前 5 位的工业行业及其实物量核算结果

行业	产生量/ 万 t	综合利用量/ 万 t	处置量/ 万 t	贮存量/ 万 t	排放量/ 万 t	处置利用率/%
化工	452.38	212.38	194.14	50.25	0.03	89.9
有色矿采选	226.49	16.32	38.06	169.32	0.00	24.0
非金属矿采选	77.86	0.00	0.00	76.34	0.00	0.0
石化	76.29	60.85	15.30	2.18	0.00	99.8
有色冶金业	71.74	30.51	13.17	29.77	0.00	60.9
工业合计	1 162.00	495.00	338.99	337.28	0.60	71.8

（2）各省市危险废物处理利用率参差不齐，欠发达地区尚需加大投入。2005 年危险废物产生量列前 5 位的省市为贵州、广东、山东、

江苏、青海，从表 3-11 可以看出，贵州省危险废物产生量居全国最高，但其处置利用率达到 75.0%，说明贵州省在危险废物治理上投入较大。青海省危险废物处置利用率为 0，危险废物处理方式大多为贮存，青海省在危险废物处理处置上尚需加大治理投入。

表 3-11　2005 年全国危险废物产生量前 5 位的省市及其实物量核算结果

省份	产生量/万 t	综合利用量/万 t	处置量/万 t	贮存量/万 t	排放量/万 t	处置利用率/%
贵州	243	31	151.32	60.59	0.00	75.0
广东	130	89	40.54	0.10	0.011	99.6
山东	94	53	2.82	38.53	0.00	59.4
江苏	84	56	26.91	2.54	0.00	98.7
青海	77	0	0	76.64	0.00	0.0
全国	1 162	495	339.0	337.3	0.60	71.8

（3）西部地区危险废物产生量大，处置利用率低下。2005 年东部地区危险废物产生量为 484 万 t，处置利用率为 88.7%，中部地区危险废物产生量为 104 万 t，处置利用率为 97.3%，西部地区危险废物产生量为 5 744 万 t，处置利用率为 52.9%。西部地区处置利用率明显低于东、中部地区。具体核算结果比较见表 3-12。

表 3-12　2005 年全国分地区的危险废物实物量和利用处置率核算结果

地区	产生量/万 t	综合利用量/万 t	处置量/万 t	贮存量/万 t	排放量/万 t	处置利用率/%
东部	484	305	124.18	56.18	0.01	88.7
中部	104	73	28.20	4.99	0.09	97.3
西部	574	117	186.61	276.11	0.50	52.9
合计	1 162	495	338.99	337.28	0.60	71.8

3.3.4　城市生活垃圾实物量核算结果分析

2005 年我国的城市生活垃圾产生总量为 1.85 亿 t，平均无害化处理率为 43.3%，处理率为 67.4%，无害化处理率和处理率分别比 2004 年提高 1.2% 和 2.1%。

（1）生活垃圾产生量与人口成正比，无害化处理率尚待提高。31

个省级行政区中，城市生活垃圾产生量最大的 5 个省是广东、山东、黑龙江、江苏和河北省，占总产生量的 34.7%，这 5 个省的城市人口较多。无害化处理率最高的是北京市，达到了 80.9%，其次为浙江、海南、江苏和青海；处理率最高的是海南，处理率为 99.1%，其次是上海，处理率接近 90%，但上海的无害化处理率仅为 32.1%，无害化处理水平有待提高。2005 年城市生活垃圾产生量前 5 位的省份及其产生量和处理率见表 3-13。

表 3-13　2005 年城市生活垃圾产生量前列 5 位的省份及其产生量和处理率

省份	产生量/万t	无害化处理量/万 t				简易处理量/万 t	堆放量/万 t		无害化处理率/%	处理率/%
		卫生填埋量	堆肥量	无害化焚烧量	小计		有序堆放	无序堆放		
广东	2 034.1	662.4	0.0	174.8	837.2	0.0	885.4	311.55	41.2	41.2
山东	1 290.0	572.0	20.7	12.8	605.5	379.4	61.6	243.5	46.9	76.4
黑龙江	1 125.8	339.9	1.0	4.0	344.9	400.9	380.0	0.0	30.6	66.2
江苏	1 024.4	649.4	0.0	42.7	692.1	116.7	26.1	189.6	67.6	79.0
河北	941.7	233.1	49.5	28.8	311.3	219.4	149.3	261.6	33.1	56.4
全国	18 467.5	6 857.1	345.4	791.0	7 993.6	4 444.3	3 139.1	2 890.5	43.3	67.4

　　（2）东部地区生活垃圾产生量大，无害化处理率较高。2005 年东部地区城市生活垃圾产生量为 8 903.3 万 t，无害化处理率 51.1%，处理率 68.8%，中部地区产生量为 5 894.3 万 t，无害化处理率为 34.7%，处理率为 67.0%，西部地区产生量为 3 669.9 万 t，无害化处理率为 38.1%，处理率为 64.5%。可以看出东部地区城市生活垃圾产生量最高，无害化处理率和处理率也高于其他地区，这与东部地区人口较多，经济相对发达有一定关系。2005 年全国分地区城市生活垃圾实物量和处理率核算结果见表 3-14。

表 3-14　2005 年全国分地区城市生活垃圾实物量和处理率核算结果

地区	产生量/万t	无害化处理量/万 t				简易处理量/万 t	堆放量/万 t		无害化处理率/%	处理率/%
		卫生填埋量	堆肥量	无害化焚烧量	小计		有序堆放	无序堆放		
东部	8 903.3	3 706.1	203.6	640.2	4 549.9	1 573.7	1 297.0	1 482.7	51.1	68.8
中部	5 894.3	1 898.0	66.3	79.5	2 043.7	1 904.7	1 246.4	699.5	34.7	67.0
西部	3 669.9	1 253.0	75.6	71.4	1 400.0	965.9	595.7	708.3	38.1	64.5
合计	18 467.5	6 857.1	345.4	791.0	7 993.6	4 444.3	3 139.1	2 890.5	43.3	67.4

3.4　实物量核算综合分析

实物量核算结果表明,2005 年全国废水排放量为 651.3 亿 t,COD 排放量为 2 195.0 万 t, 氨氮排放量为 242.5 万 t;2005 年我国大气污染物 SO_2、烟尘、粉尘和氮氧化物排放总量分别为 2 568.5 万 t、1 182.5 万 t、911.2 万 t 和 2 381.4 万 t;工业固体废物排放量为 1 597.5 万 t, 新增生活垃圾堆放量 6 029.6 万 t。

2005 年, 全国行业合计 GDP 为 183 084.8 亿元,单位 GDP 的废水、COD 和氨氮排放量分别为 35.6 t/万元、12.0 kg/万元、1.3 kg/万元; 单位 GDP 的 SO_2、烟尘、粉尘和氮氧化物排放量分别为 14.0 kg/万元、6.5 kg/万元、5.0 kg/万元和 10.7 kg/万元。

（1）各工业行业主要污染物排放绩效相差较大。从图 3-11 来看, 2005 年各行业的单位增加值 COD 排放绩效相差较大, 最大的造纸行业为 258.1 kg/万元（图 3-11 未表示）, 其次为食品加工业 31.4 kg/万元; 全国工业行业平均水平为 10.2 kg/万元。

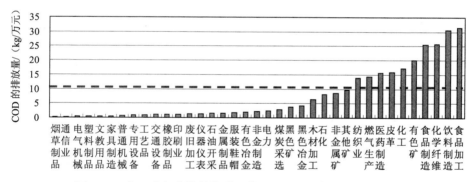

图 3-11　各工业行业的单位增加值 COD 排放绩效

从图 3-12 来看, 2005 年各个行业的单位增加值 SO_2 排放绩效相差较大, 最大的电力行业为 236.1 kg/万元（图 3-12 未表示）, 其次为其他矿采选业 81.2 kg/万元; 全国工业行业平均水平为 29.9 kg/万元。

（2）各地区的主要污染物排放绩效相差较大。从图 3-13 来看, 2005 年单位 GDP COD 排放绩效最好的是北京市, 为 2.2 kg/万元, 其次是上海市, 为 4.1 kg/万元; 而排放绩效最差的是广西区, 为 39.1 kg/万元, 位居倒数第 2 的是宁夏, 为 33.7 kg/万元。全国平均水平为 12.0 kg/万元。

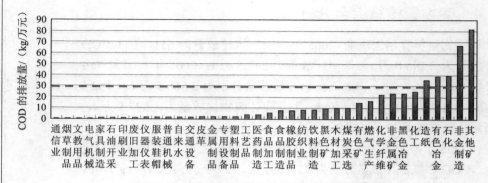

图 3-12　各工业行业的单位增加值 SO₂ 排放绩效

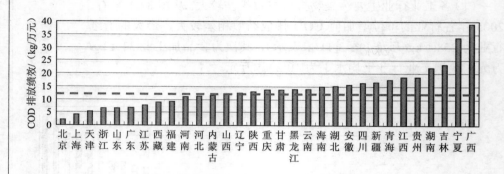

图 3-13　全国 31 省市的单位 GDP 的 COD 排放绩效

从图 3-14 来看，2005 年单位 GDP SO₂ 排放绩效最好的是西藏，为 0.4 kg/万元，其次是北京市，为 2.5 kg/万元；而排放绩效最差的是贵州省，为 60.4 kg/万元，位居倒数第 2 的是宁夏，为 58.0 kg/万元。全国平均水平为 14.0 kg/万元。

（3）2005 年主要污染物核算量、统计量和控制目标的分析比较。图 3-15 是 2005 年主要污染物的实物量核算与环境统计结果。2005 年废水排放量的环境统计为 524.5 亿 t，核算结果为 651.3 亿 t，核算量是统计量的 1.24 倍；环境统计 COD 排放量为 1 414.2 万 t，核算结果为 2 195.0 万 t，核算量是统计量的 1.55 倍；环境统计氨氮排放量为 149.8 万 t，核算结果为 242.5 万 t，核算量是统计量的 1.62 倍；环境统计 SO₂ 排放量为 2 549.3 万 t，核算结果为 2 568.5 万 t，核算量比统计量增加了约 19 万 t。总体而言，由于废水核算包括了农业面源污染，SO_2 按能源消耗量重新进行了核算，核算口径比环境统计宽，因此污染实物量有所增加，更能全面反映中国目前的实际污染状况。

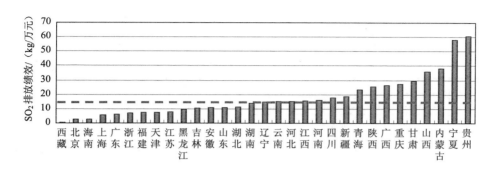

图 3-14　全国 31 省市的单位 GDP 的 SO_2 排放绩效

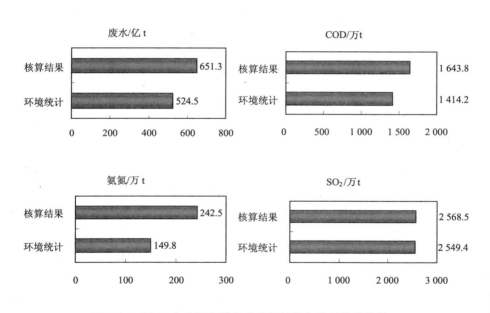

图 3-15　2005 年主要污染物实物量核算与统计结果比较

　　表 3-15 为 2005 年全国 31 个省、市、自治区 COD 和 SO_2 排放量的核算结果、统计值和"十五"排放控制目标，图 3-16 和图 3-17 分别为 2005 年 COD 和 SO_2 排放量核算值、统计值和"十五"排放控制目标的比较图。

表 3-15　2005 年 COD 和 SO₂ 排放量核算值、统计值和"十五"控制目标　单位：万 t

省份	SO₂			COD		
	统计值	核算值	"十五"目标	统计值	核算值	"十五"目标
北　京	19.1	17.3	17.8	11.6	12.0	13.0
天　津	26.5	27.4	27.9	14.6	15.9	16.7
河　北	149.6	150.9	118.0	66.1	80.4	50.9
辽　宁	119.7	118.0	85.0	64.4	75.0	63.4
上　海	51.3	49.9	40.0	30.4	32.0	28.7
江　苏	137.3	144.2	100.2	96.6	111.3	54.3
浙　江	86.0	90.8	54.0	59.5	70.3	53.8
福　建	46.1	48.1	21.0	39.4	44.0	31.3
山　东	200.3	203.0	156.0	77.0	89.1	77.4
广　东	129.4	137.2	80.0	105.8	117.8	85.0
海　南	2.2	2.3	4.0	9.5	10.0	10.0
山　西	151.6	149.0	108.0	38.7	45.4	27.1
吉　林	38.2	38.0	26.0	40.7	46.4	42.4
黑龙江	50.8	51.3	27.0	50.4	56.1	45.1
安　徽	57.1	58.4	36.7	44.4	50.7	38.6
江　西	61.3	62.8	31.5	45.7	50.9	35.2
河　南	162.5	167.2	78.4	72.1	85.9	64.9
湖　北	71.7	72.5	51.0	61.6	69.6	67.7
湖　南	91.9	91.2	69.0	89.5	103.2	62.8
内蒙古	145.6	148.6	62.0	29.7	35.1	23.6
广　西	102.3	106.6	80.0	107.0	138.3	94.9
重　庆	83.7	83.6	69.7	26.9	32.6	14.3
四　川	129.9	131.6	102.5	78.3	91.0	77.3
贵　州	135.8	119.5	127.6	22.6	23.5	24.6
云　南	52.2	51.8	38.0	28.5	33.0	37.1
西　藏	0.2	0.1	2.0	1.4	1.4	6.1
陕　西	92.2	93.5	61.0	35.0	41.0	30.5
甘　肃	56.3	57.0	36.0	18.2	20.5	12.7
青　海	12.4	12.7	5.0	7.2	8.8	4.1
宁　夏	34.3	35.1	20.0	14.3	19.2	16.0
新　疆	51.9	48.8	30.0	27.1	33.3	27.0
合　计	2 549.4	2 568.5	1 765.3	1 414.2	1 643.8	1 236.5

注：①表中 COD 排放量核算值不包括第一产业，即表中各项指标的核算统计口径相同；

　　②表中各省合计"十五"目标小于国家"十五"目标，国家 SO₂ 和 COD 目标分别为 1 796 万 t 和 1 300 万 t。

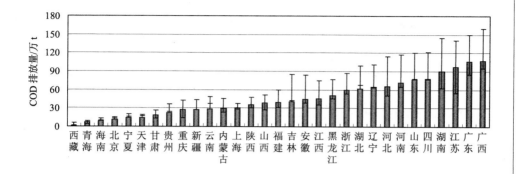

（图中柱状值为统计值；上限值为核算值；下限值为"十五"目标）

图 3-16　2005 年 COD 排放量核算值、统计值和"十五"控制目标

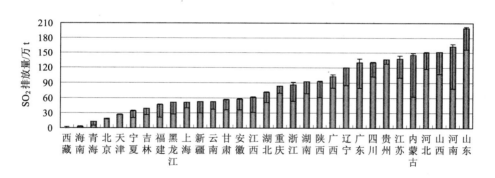

（图中柱状值为统计值；上限值为核算值；下限值为"十五"目标）

图 3-17　2005 年 SO₂ 排放量核算值、统计值和"十五"控制目标

　　从 SO_2 排放量来看，到"十五"末期，除西藏、海南和天津 3 个省市实现"十五"控制目标外，其他 28 个省市均未实现"十五"既定控制目标，其中，河南和内蒙古距离控制目标的差距最大，分别为 84.1 万 t 和 83.6 万 t，此外，广东、山东和山西 3 省的差距也较大，统计值和"十五"目标的差距超过 40 万 t。全国 SO_2 排放量超出"十五"控制目标 753.4 万 t，超出目标 41.9%。2005 年 SO_2 排放量核算结果和统计值基本保持一致。

　　按 COD 排放量的统计数据，COD 的治理情况好于 SO_2，全国 COD 排放量超出"十五"控制目标 114.2 万 t，超出目标 8.8%。到"十五"末期，西藏、云南、湖北和天津等 10 个省市的 COD 排放量都实现了"十五"控制目标，距离"十五"控制目标最大的是江苏省，为42.3 万 t，其他两个距离目标较大的省份是湖南和广东，分别超出既定目标 26.7 万 t 和 20.8 万 t。但如果按核算得出的 COD 排放量，除西藏以外的其他 30 个省均未实现"十五"目标，江苏、湖南、广西、广东、河北、河南 6 省的差距超过了 50 万 t，全国累计超出"十五"控制目标 343.8 万 t，超出目标 26.4%，COD 排放情况也不容乐观。

第4章

价值量核算结果——治理成本法

4.1 水污染治理成本核算

2005 年，全国废水实际治理成本为 400.7 亿元，占 GDP 的 0.22%；全国废水虚拟治理成本为 2 084.1 亿元，占 GDP 的 1.14%。废水虚拟治理成本约为实际治理成本 5.2 倍。

4.1.1 结果说明

（1）本核算研究报告不考虑种植业废水的治理，因此，废水价值量核算结果中的第一产业仅指畜牧业（规模化畜禽养殖）和农村生活废水。

（2）建筑业生活废水虽然涵盖在城市生活中，但进行治理成本与产业部门生产总值的比较时，仍然将建筑业的生产总值计为第二产业。

（3）本报告中采用的单位治理成本通过试点省市绿色国民经济核算和环境污染损失调查数据整理获得。

（4）2005 年分部门和分地区的废水价值量核算结果见附表 8 和附表 9。

4.1.2 部门核算结果分析

（1）工业废水处理难度大，治理成本高。从实际治理成本来看，第二产业（工业）的废水实际治理成本最高，为 291.7 亿元，占总实际治理成本的 72.8%，第一产业的废水实际治理成本最低，占总实际治理成本的 12.2%；从虚拟治理成本来看，第二产业的废水虚拟治理成本也最高，达到 1 184.9 亿元，占总虚拟治理成本的 56.9%，第一产业的废水虚拟治理成本最低，占总虚拟治理成本的 17.5%。表 4-1 为 2005 年各部门废水价值量核算结果。

51

表 4-1　2005 年各产业部门废水价值量核算结果

部门	废水治理成本/亿元				GDP 增加值/亿元	占 GDP 的比例/%	
	实际	比例/%	虚拟	比例/%		实际	虚拟
第一产业	48.9	12.2	365.3	17.5	23 070.4	0.21	1.58
第二产业	291.7	72.8	1 184.9	56.9	87 046.7	0.34	1.36
城市生活	60.1	15.0	533.8	25.6	72 967.7	0.03	0.29
合计	400.7	100.00	2 084.0	100.0	183 084.8	0.22	1.14

　　虽然城市生活废水排放量居首位，但第二产业废水的治理难度大，因此，第二产业废水的虚拟治理成本高于城市生活废水。

　　（2）各行业污染物治理重点不同，工业废水 COD 处理水平亟待提高。由于城市生活废水的氨氮排放量较高，因此，城市生活废水的氨氮虚拟治理成本最高，占氨氮总虚拟治理成本的 39.5%；第二产业废水的 COD 虚拟治理成本最高，占 COD 总虚拟治理成本的 58.1%。表 4-2 为各产业部门的 COD、氨氮虚拟治理成本核算结果。

表 4-2　各产业部门 COD、氨氮虚拟治理成本核算结果比较

部门	COD 治理成本/亿元				氨氮治理成本/亿元			
	实际	比例/%	虚拟	比例/%	实际	比例/%	虚拟	比例/%
第一产业	44.0	18.0	330.9	17.0	4.9	9.3	34.4	26.9
第二产业	145.8	59.8	1 130.5	58.1	41.8	79.3	43.1	33.6
城市生活	54.1	22.2	483.3	24.9	6.0	11.4	50.6	39.5
合计	243.9	100.0	1 944.7	100.0	52.7	100.0	128.04	100.0

　　在第二产业废水的实际治理成本中，5.6% 用于重金属治理，14.5% 用于氰化物治理，50.0% 用于 COD 治理，15.6% 用于石油类治理，14.3% 用于氨氮治理。实物量核算结果表示，第二产业废水中氰化物和石油类的去除率分别达到 82.3% 和 77.29%，而 COD 和氨氮的去除率仅分别为 56.7% 和 42.7%，工业废水，特别是造纸、化工等 COD 排放量大的行业的 COD 处理水平亟待提高。

　　（3）造纸、食品加工、化工、食品制造和纺织业的废水虚拟治理成本较高。在 38 个工业行业中，废水的实际治理成本、虚拟治理成本以及总治理成本的排序略有不同，见表 4-3。

表 4-3　列废水治理成本前 5 位的工业行业

行业	实际治理成本/亿元	比例/%	行业	虚拟治理成本/亿元	比例/%	行业	总治理成本/亿元	比例/%
化工	44.5	15.2	造纸	380.5	32.1	造纸	413.0	28.0
黑色冶金	37.6	12.9	食品加工	181.6	15.3	食品加工	189.6	12.8
造纸	32.5	11.1	化工	141.6	11.9	化工	186.0	12.6
纺织业	24.2	8.3	食品制造	79.5	6.7	纺织业	99.5	6.7
石化	20.6	7.0	纺织业	75.3	6.4	食品制造	88.0	6.0
合计	159.4	54.6	合计	858.4	72.5	合计	976.1	66.1

从废水实际治理成本来看，列前 5 位的分别是化工、黑色冶金、造纸、纺织业和石化行业，这 5 个行业的废水实际治理成本为 159.4 亿元，占第二产业废水实际治理成本的 54.6%。

从废水虚拟治理成本来看，列前 5 位的分别是造纸、食品加工、化工、食品制造和纺织行业，这 5 个行业的废水虚拟治理成本为 858.4 亿元，占第二产业废水虚拟治理成本的 72.5%。

废水总治理成本居前 5 位的分别是造纸、食品加工、化工、纺织业和食品制造，这 5 个行业的废水总治理成本占第二产业废水治理成本的 66.1%。各行业废水治理成本见图 4-1。

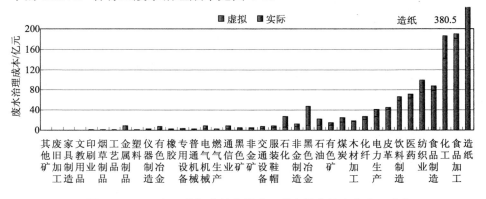

图 4-1　2005 年工业行业按虚拟治理成本排序的废水治理成本

4.1.3　地区核算结果分析

（1）东部地区治理成本高，实际和虚拟废水治理成本的差距较大。就废水实际治理成本和虚拟治理成本而言，均是东部地区最高，西部地区最低。东部地区废水实际治理成本为 246.6 亿元，占废水总实际治理成本的 61.5%；虚拟治理成本为 820.7 亿元，占总虚拟治理成本的 39.4%。西部地区的废水实际治理成本为 60.6 亿元，占废水总实际治理成本的 15.1%，废水虚拟治理成本为 623.2 亿元，占总虚拟治理成本的 29.9%。表 4-4 为 2005 年各地区废水治理成本情况。

表 4-4　2005 年全国分地区废水治理成本

地区	废水治理成本/亿元			
	实际	比例/%	虚拟	比例/%
东部	246.6	61.5	820.7	39.4
中部	93.5	23.3	640.2	30.7
西部	60.6	15.1	623.2	29.9
合计	400.7	100.0	2 084.0	100.0

从绝对量来说，东部地区的实际治理成本远远超出中、西部地区，但由于中、西部地区的经济总量较低，因此，虽然其实际治理成本占总 GDP 的比例不低，但废水治理投入仍然不足。从表 4-4 可以看出，实际和虚拟废水治理成本的差距较大，中、西两个地区的虚拟治理成本分别是实际治理成本的 6.8 倍和 10.3 倍，而东部地区的虚拟治理成本为实际治理成本的 3.3 倍。

（2）江苏省废水实际治理成本最高，广西废水虚拟治理成本最高。从废水实际治理成本来看，在全国 31 个省、区市中，江苏省的废水实际治理成本最高，为 45.6 亿元，占全国总实际治理成本的 11.4%，山东、广东、浙江和上海的废水实际治理成本分别列第 2～5 位，这 5 个省市的实际治理成本占全国废水总实际治理成本的 44.5%。表 4-5 为 2005 年列废水总治理成本前 5 位省市的废水治理成本情况。

表 4-5　2005 年废水治理成本列前 5 位的省市

实际治理成本			虚拟治理成本			总治理成本		
省份	成本/亿元	比例/%	省份	成本/亿元	比例/%	省份	成本/亿元	比例/%
江苏	45.6	11.4	广西	183.1	9.2	广西	192.1	7.7
山东	40.8	10.2	广东	130.1	6.9	江苏	175.3	7.1
广东	40.7	10.2	江苏	129.7	6.3	广东	170.8	6.9
浙江	32.6	8.1	山东	125.7	6.2	山东	166.5	6.7
上海	18.8	4.7	湖南	123.9	6.1	河南	142.0	5.7
全国	400.8	44.5	全国	2 084.0	33.2	全国	2 484.8	34.1

从废水虚拟治理成本来看，废水虚拟治理成本最高的是广西，为 183.1 亿元，占全国总虚拟治理成本的 9.2%，其次为广东、江苏、山东和湖南省，这 5 个省的废水虚拟治理成本占全国虚拟治理成本的 33.2%。

废水总治理成本排在前 5 位的地区依次为广西、江苏、广东、山东和河南，这 5 个省区的废水总治理成本占全国废水总治理成本的 34.1%。全国 31 个省市的废水治理成本如图 4-2 所示，各省市按照虚拟治理成本排序，说明了不同省市废水治理的欠账情况。

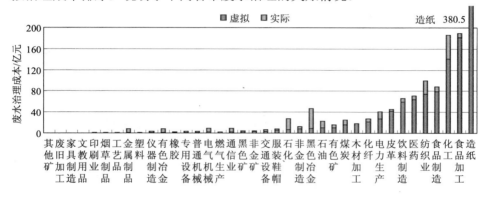

图 4-2　2005 年各省市废水治理成本（按虚拟治理成本排序）

4.2　大气污染治理成本核算

2005 年，全国的废气实际治理成本为 835.0 亿元，占行业合计 GDP 的 0.46%；全国废气虚拟治理成本为 1 610.9 亿元，占行业合计 GDP 的 0.87%。大气污染虚拟治理成本是实际治理成本的 1.93 倍。

4.2.1　结果说明

（1）本核算报告中不考虑农业生产和农村生活的废气治理，不对农业生产和农村生活废气价值量进行核算。

（2）此次核算中采用的单位污染物治理成本通过试点省市绿色国民经济核算和环境污染损失调查数据整理获得。

（3）2005 年分部门和分地区的废气价值量核算结果见附表 10 和附表 11。

4.2.2 部门核算结果分析

（1）工业行业的虚拟治理成本较高，电力行业是工业废气治理的重点。从图 4-3 可以看出：①几乎各个行业的虚拟治理成本都高于实际处理成本，这说明大气污染治理的缺口仍然很大；②电力行业是工业废气治理的重点。2005 年工业行业大气污染总治理成本 1 070.6 亿元，其中电力行业总治理成本为 635.6 亿元，占总治理成本的 59.4%，是工业大气污染治理的重点。

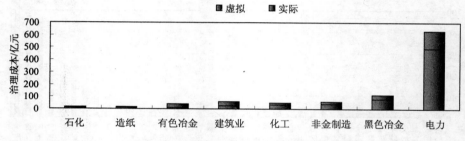

图 4-3　各工业行业的大气污染治理成本

（2）电力行业 SO_2 治理缺口较大。SO_2 虚拟治理成本列前 5 名的行业排名见表 4-6，这 5 个行业治理 SO_2 的虚拟成本共 675.0 万元，占总虚拟成本的 87.7%，同时，这 5 个行业的虚拟成本治理占本行业总成本的比例基本都高于 50%。其中，电力行业是我国 SO_2 的绝对排放大户，2005 年共投入约 23.6 亿元用于 SO_2 治理设施的运转，占工业 SO_2 治理设施实际总运行成本的 37.7%，但根据目前的保守核算，还至少需要投入虚拟治理成本 210.4 亿元，粗略折算相当于投资欠账 700 亿元。

表 4-6　SO_2 虚拟治理成本前 5 名的行业

行业	虚拟成本/万元	虚拟成本比例/%
电力、蒸汽、热水的生产和供应业	4 913 826	77.3
黑色金属冶炼及压延加工业	827 639	69.9
非金属矿物制造业	399 975	64.1
化学原料及化学制品制造业	358 878	73.9
建筑业	250 096	42.1
第二产业合计	7 690 912	71.8

4.2.3 地区核算结果分析

（1）东部地区的实际和虚拟治理成本都高于中、西部地区。图 4-4 为东、中、西部 3 个地区的大气污染实际治理成本和虚拟治理成本占总成本的比例，从中可以看出，东部地区的实际治理成本和虚拟治理成本都远远高于中、西部地区。其中，东部、中部和西部的虚拟成本所占比例逐渐提高，分别为 59.8%、70.6%、72.9%，占总治理成本的 50% 以上。总体来看，东部地区污染重，治理投入仍需加大。

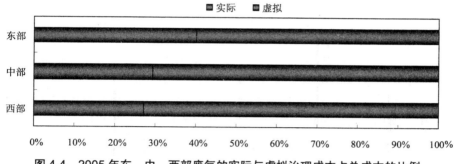

图 4-4 2005 年东、中、西部废气的实际与虚拟治理成本占总成本的比例

（2）山东省的大气污染治理成本居全国之首，虚拟治理成本也位居前列。2005 年的大气总治理成本 2 445.9 亿元，山东、河北、河南、广东和辽宁居前 5 名，合计 910.0 亿元，占全国总成本的 37.2%。全国虚拟治理成本 1 610.9 亿元，占总治理成本的 65.9%，其中，工业大气污染虚拟治理成本占总虚拟治理成本的 47.7%。各地区工业和生活废气治理成本见图 4-5。

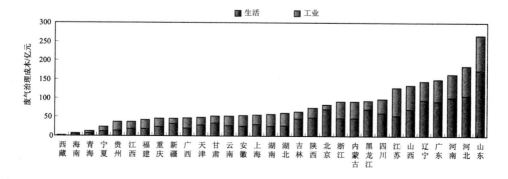

图 4-5 分地区的废气治理成本

4.3 固体废物污染治理成本核算

2005 年，全国固体废物实际治理成本为 217.3 亿元，占当年行业合计 GDP 的 0.11%；全国固体废物虚拟治理成本为 148.7 亿元，占行业合计 GDP 的 0.08%。

4.3.1 结果说明

（1）工业固体废物实际治理成本由处置废物和贮存废物两部分实际治理成本构成。

（2）生活垃圾虚拟治理成本仅按地区核算，核算的内容为简易处理和堆放垃圾被无害化处理的虚拟治理成本。

（3）此次核算中采用的单位污染物治理成本通过试点省市绿色国民经济核算和环境污染损失调查数据整理获得。

（4）2005 年分部门和分地区的工业固体废物价值量核算结果见附表 12 和附表 13，城市生活垃圾价值量核算结果见附表 14。

4.3.2 工业固体废物治理成本核算结果分析

2005 年全国地区工业固体废物实际治理成本为 140.8 亿元，占总治理成本的 56.9%；虚拟治理成本 106.5 亿元，为总治理成本的 43.1%；实际治理投入略高于虚拟治理成本，表明工业固体废物污染治理投入还不足。

（1）工业固体废物治理成本的行业特征明显，尚需加大治理投入。工业固体废物主要排放行业的实际、虚拟和总治理成本见表 4-7，表中 8 个行业的治理成本占工业固体废物总治理成本的 91.7%。总治理成本最高的行业为有色金属矿采选业，总治理成本 64.8 亿元，实际治理成本和虚拟治理成本的比例为 41.3∶58.7，说明该行业的治理投入还存在很大的缺口。

（2）西部地区治理成本高，实际和虚拟治理成本差距较大。2005年东、中、西部 3 个地区的工业固体废物总治理成本核算结果如表 4-8 所示，西部地区治理成本最高，西部地区实际治理成本和虚拟治理成本之比为 43.5∶56.8，说明西部地区在治理工业固体废物污染上的投入还不足。

表 4-7　工业固体废物主要排放行业治理成本比较

行业名称	治理成本/亿元			占总成本比例/%	排序
	实际治理	虚拟治理	合计		
有色矿采选	26.7	38.0	64.8	26.2	1
化工	35.9	11.1	47.0	19.0	2
黑色矿采选	17.3	11.1	28.4	11.5	3
电力	10.9	10.6	21.5	8.7	4
煤炭采选	14.5	5.9	20.4	8.3	5
黑色冶金	11.9	5.4	17.3	7.0	6
有色冶金	6.3	7.8	14.1	5.7	7
非金属矿采选	0.6	12.7	13.3	5.3	8
合计	124.1	102.6	226.8	91.7	

表 4-8　2005 年全国分地区的工业固体废物污染治理成本分析

地区	治理成本/亿元			成本比例/%		占总成本比例/%
	实际治理	虚拟治理	合计	实际比例	虚拟比例	
东部	49.9	22.2	72.2	69.2	30.8	29.2
中部	35.7	12.7	48.4	73.8	26.2	19.6
西部	55.1	71.6	126.7	43.5	56.8	51.2
合计	140.8	106.5	247.3	56.9	43.1	100.0

4.3.3　城市生活垃圾治理成本核算结果分析

（1）城市生活垃圾无害化处理程度较高，但仍需加大治理。2005年我国城市生活垃圾总清运量为 1.56 亿 t，完全达到无害化处理处置总治理成本需要 118.7 亿元。其中，实际治理成本为 76.5 亿元，占总成本的 64.5%；虚拟治理成本为 42.2 亿元，占总成本的 35.5%；实际治理成本高于虚拟治理成本。相对于工业固体废物而言，我国城市生活垃圾无害化处理程度较高，但仍有很大比例的生活垃圾采用了简易处理和堆放方式处置，由此造成的环境危害不容忽视。重点省份的城市生活垃圾治理成本见表 4-9。

表 4-9　重点省区城市生活垃圾治理成本分析

地区	治理成本/亿元			占总成本比例/%	排序
	实际治理	虚拟治理	合计		
广东	9.1	5.3	14.4	12.1	1
山东	5.4	2.9	8.3	7.0	2
浙江	6.2	0.7	6.9	5.8	3
江苏	5.2	1.6	6.8	5.8	4
黑龙江	3.9	2.6	6.6	5.5	5
合计	29.8	13.1	42.9	36.2	

（2）东部地区城市生活垃圾治理成本最高，且实际治理投入较大。表 4-10 是东、中、西地区城市生活垃圾治理成本，由表中数据可知，2005 年东部地区城市生活垃圾总治理成本为 61.6 亿元，其中实际治理成本是虚拟治理成本的 2.3 倍，中部地区总治理成本为 35.0 亿元，实际治理成本是虚拟治理成本的 1.4 倍，西部地区总治理成本 22.1 亿元，占全国总成本的 18.7%。东部地区总治理成本最高，但其虚拟治理成本仅占总治理成本的 30.4%，说明东部地区城市生活垃圾大部分都被治理，实际治理投入较大。

表 4-10　东、中、西地区城市生活垃圾治理成本分析

地区	治理成本/亿元			成本比例/%		占总成本比例/%
	实际治理	虚拟治理	合计	实际比例	虚拟比例	
东部	42.9	18.7	61.6	69.6	30.4	51.9
中部	20.7	14.3	35.0	59.1	40.9	29.5
西部	12.9	9.2	22.1	58.5	41.5	18.6
合计	76.5	42.2	118.7	64.4	35.6	100.0

4.3.4　地区固体废物治理成本核算结果比较

图 4-6 为 31 个省级行政区的固体废物总污染治理成本排序及治理成本构成。在 31 个省级行政区中，贵州省的固体废物治理总成本最高，为 43.8 亿元，其次为河北省和辽宁省。但各省的治理成本构成不同，贵州和河北省的虚拟治理成本比例较低，分别为 30.5%和32.8%，广西的虚拟治理成本较高，占 65.9%。虚拟治理成本比例最低的是浙江省，仅为 13.1%，虚拟治理成本比例最高的是青海省，达

到 95.3%。

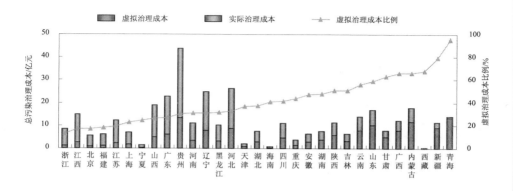

图 4-6　31 个省市的固体废物总治理成本及治理成本构成

4.4　治理成本法价值量核算综合分析

分部门和地区的虚拟治理成本核算结果见附表 15 和附表 16。

（1）环境污染治理投入严重不足，废水治理缺口最大。表 4-11 为 2005 年环境污染价值量核算的结果。核算结果表明，2005 年，环境污染实际和虚拟治理总成本为 5 296.7 亿元，实际治理成本只占 27%，由此可见，环境污染治理投入欠账较大。其中，水污染、大气污染和固体废物污染实际和虚拟治理总成本分别为 2 484.8 亿元、2 446.0 亿元和 366.0 亿元，分别占实际和虚拟治理总成本的 46.9%、46.2% 和 6.9%。由此可见，环境污染治理投入严重不足。

表 4-11　水、大气和固体废物污染的实际和虚拟治理成本　　　单位：亿元

行业	水污染		大气污染		固体废物污染		合计	
	实际	虚拟	实际	虚拟	实际	虚拟	实际	虚拟
第一产业	48.9	365.3	0.0	0.0	0.0	0.0	48.9	365.3
第二产业	291.7	1 184.9	301.5	769.1	140.8	106.5	734.0	2 060.5
城市生活	60.1	533.8	533.5	841.8	76.5	42.2	670.2	1 417.9
合计	400.7	2 084.0	835.0	1 610.9	217.3	148.7	1 453.0	3 843.7

图 4-7 为废水、废气和固体废物的治理成本比较图。2005 年，环境污染的实际治理成本是 1 453 亿元，其中，水污染、大气污染、固

体废物污染实际治理成本分别是 400.7 亿元、835.0 亿元和 217.3 亿元，分别占总实际治理成本的 27.6%、57.5%和 15.0%；虚拟治理成本为 3 843.7 亿元，其中，水污染、大气污染、固体废物污染虚拟治理成本分别为 2 084.0 亿元、1 610.9 亿元、148.7 亿元，分别占总虚拟治理成本的 54.2%、41.9%和 3.9%。

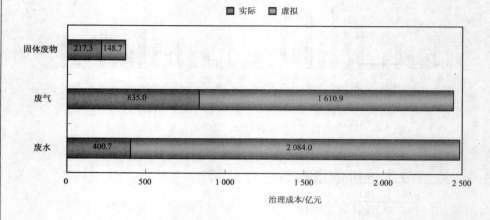

图 4-7　废水、废气和固体废物的实际与虚拟治理成本

另外，3 种污染物的虚拟治理成本和实际治理成本占总成本的比例也各不相同。废水和废气的虚拟治理成本要高于实际治理成本。其中，废水虚拟治理成本占废水总治理成本的 83.9%，是实际治理成本的 5.2 倍；废气的虚拟治理成本占总废气治理成本的 65.9%，是实际治理成本的 1.93 倍。与 2004 年相比，这种状况没有改变。总体而言，在三类污染治理中水污染治理缺口仍然最大。

（2）第二产业污染治理任务依然艰巨，城市生活废水污染治理投入亟待提高。表 4-12 和表 4-13 分别是水、大气和固体废物污染的实际和虚拟治理成本占总治理成本和城市生活的实际与虚拟成本占总实际与虚拟成本的比例。表中数据表明，价值量核算结果与污染排放与治理的实物量核算结果相一致，以下逐一进行分析。

工业污染一直是我国环境污染治理工作的重点。2005 年，第二产业污染虚拟治理成本为 2 060.5 亿元，是实际治理成本的 2.8 倍，其中第二产业废水治理的缺口最大，还需要投入 1 184.9 亿元，占第二产业总虚拟治理成本的 58.0%；第二产业大气污染的治理投入缺口相对较小，只占总虚拟治理成本的 37.3%，但绝对量也相当大，达到 769.09 亿元。

表4-12　水、大气和固体废物污染的实际和虚拟治理成本占总治理成本的比例　单位：%

行业	水污染价值量比例		大气污染价值量比例		固体废物污染价值量比例	
	实际	虚拟	实际	虚拟	实际	虚拟
第一产业	100.0	100.0	0.0	0.0	0.0	0.0
第二产业	39.7	57.5	41.1	37.3	19.2	5.2
城市生活	9.0	37.7	79.6	59.4	11.4	3.0
合计	27.6	54.2	57.5	41.9	15.0	3.9

表4-13　三次产业和城市生活的实际、虚拟治理成本占总实际、虚拟治理成本的比例　单位：%

行业	废水		废气		固体废物		合计	
	实际	虚拟	实际	虚拟	实际	虚拟	实际	虚拟
第一产业	12.20	17.53	0.0	0.0	0.0	0.0	3.37	9.50
第二产业	72.79	56.85	36.11	47.74	64.79	71.61	50.51	53.61
第三产业	6.30	10.19	42.22	45.25	0.00	0	26.00	24.49
城市生活	8.70	15.42	21.68	7.01	35.21	28.39	20.12	12.40
合计	100.0	100.0	100.0	100.0	100.0	100.0	100.0	100.0

　　城市生活废水和废气治理成本的差距较大。我国自"九五"以来加大了环保投入，作为有效控制城市大气污染的重要措施，城市居民生活煤改气和集中供热工程成为环保投资的重点项目。目前我国城市居民的燃气普及率已经接近 52.9%，集中供热面积也达到了总供热面积的 43.9%，约 41.9% 和 18.2% 的车辆达到了国Ⅰ和国Ⅱ标准，报告以煤改气、集中供热工程和达到国Ⅰ和国Ⅱ标准车辆的运行成本以及作为城市生活废气的治理成本，因此，其实际治理成本较高，达到 533.5 亿元。与城市大气污染治理相比，城市生活废水处理能力严重不足，目前我国城市生活废水的实际治理成本为 60.1 亿元，只有废气的 11.3%。因此，城市污染治理投入的主要压力来自城市生活废水。

　　（3）各工业行业污染治理重点不同，治理投入差距显著。表 4-14 和图 4-8 为总治理成本列前 15 位的工业行业及其实际、虚拟和总治理成本。2005 年，在 39 个工业行业中，治理成本最高的是电力行业，达到 698.9 亿元，同时其实际和虚拟治理成本都列各行业之首。列总治理成本前 2～5 位的分别是造纸、化工、农副食品加工和黑色冶炼，以上 4 个行业总治理成本的排名与虚拟治理成本基本相同，说明这 4

个行业的污染治理水平都不高，治理投入缺口大，和 2004 年相比，治理投入不足的状况没有改变。

表 4-14　总治理成本列前 15 位的工业行业及其治理成本　　　单位：亿元

行业	实际治理成本	虚拟治理成本	总治理成本
电力	169.0	529.9	698.9
造纸	36.4	391.8	428.2
化工	93.0	188.6	281.6
食品加工	9.5	186.4	195.9
黑色冶金	85.2	97.8	182.9
纺织业	28.4	82.9	111.3
食品制造	9.2	82.5	91.7
有色矿	33.1	49.2	82.2
非金制造	27.3	49.5	76.8
医药	7.9	66.5	74.4
饮料制造	7.7	62.4	70.2
有色冶金	40.6	21.3	61.9
煤炭	25.6	32.1	57.7
石化	29.8	18.3	48.1
皮革	4.2	42.6	46.7

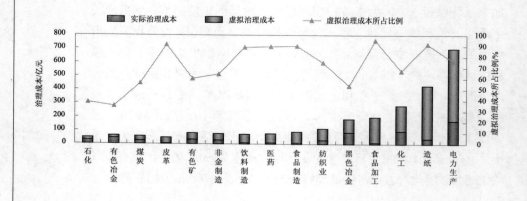

图 4-8　总治理成本列前 15 位的工业行业的污染治理成本与构成

另外，由于各行业的主要污染物不同，污染治理重点也各不相同。如图 4-9 所示，电力、黑色冶金、非金属矿物制品和有色冶金 4 个行业的治理重点为工业废气；造纸、纺织、饮料制造、食品制造和医药

5 个行业的治理重点为废水;化工行业的主要污染物包括 3 种污染物,它除了废水治理成本较高外,废气和固体废物也占有一定比例;固体废物治理的重点行业为有色矿和煤炭采选业。

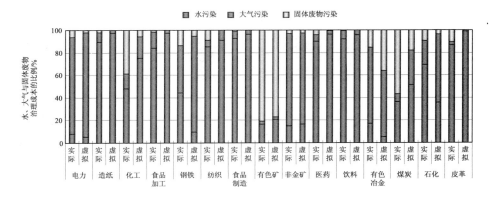

图 4-9　总治理成本列前 15 位的工业行业的水、大气与固体废物的实际与虚拟治理成本构成

　　(4)东部地区污染治理投入仍需加大,中、西部地区污染治理投入不足。同东、中、西部 3 个地区的污染治理和实物排放量情况相对应,东部地区的实际治理成本和虚拟治理成本都远高于中、西部地区。如图 4-10 所示,除东、中部地区的固体废物虚拟治理成本小于实际治理成本外,其他地区的废水和废气污染虚拟治理成本都大于实际治理成本。实际治理成本中,3 个地区的废气实际治理成本所占比例较高,东部为 58.7%,中、西部分别为 56.5% 和 55.0%;虚拟治理成本中,3 个地区的废水虚拟治理成本所占比例较高,中部的废水虚拟治理成本最高, 为 56.4%,东、西部的废水虚拟治理成本比例分别为 51.9% 和 55.3%。总体来看,东部地区污染重,治理投入仍需加大。

　　如图 4-11 所示,在各省市的水污染、大气污染和固体废物污染的虚拟治理成本构成中,除山西、贵州、上海、北京等的大气污染虚拟治理成本大于水污染虚拟治理成本外,其他地区的废水虚拟治理成本都大于大气污染虚拟治理成本,其中,贵州省的大气污染虚拟治理成本是水污染虚拟治理成本的两倍左右,这充分说明山西、贵州、上海和北京等地区的大气污染比较严重,应加大大气污染治理投入。

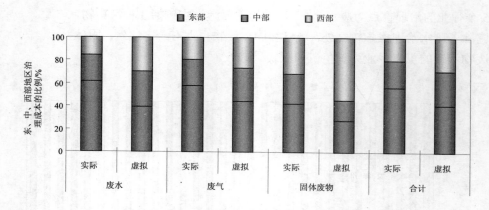

图 4-10　东、中、西部地区的环境污染价值量核算结果

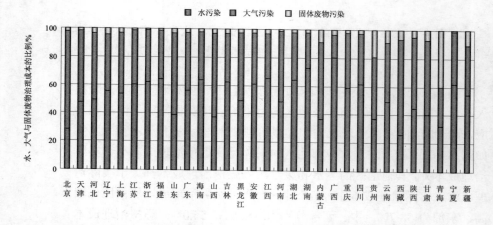

图 4-11　31 个省级行政区的水、大气与固体废物虚拟治理成本构成

　　图 4-12 为 31 个省市的治理成本构成和虚拟治理成本排序。2005年，在各个省市行政区中，山东的虚拟污染治理成本最高，为 323.1亿元，其次为河南和河北，分别为 253.0 亿元和 250.8 亿元。湖南、青海和广西 3 省区的虚拟治理成本所占比例较高，分别为 86.2%、89.1%和 90.5%。虚拟治理成本比例最低的是北京市，仅为 37.8%，实际治理成本已高于虚拟治理成本；比例最高的是广西，高达 90.5%，其次为青海、湖南和河南，都超过了 80%，说明中、西部地区污染治理投入严重不足。

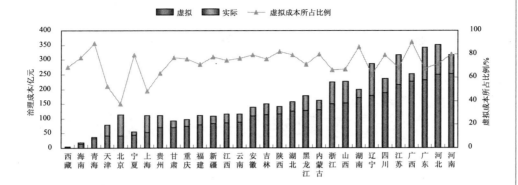

图 4-12　31 个省级行政区的虚拟与实际治理成本构成（按虚拟治理成本排序）

第5章

价值量核算结果——污染损失法

2005 年，根据污染损失法核算的环境退化成本 5 787.9 亿元，比 2004 年增加 669.6 亿元，增长了 13.1%，其中大气污染、水污染、固体废物堆放侵占土地、污染事故造成的经济损失分别占总退化成本的 49.6%、49.0%、0.5%和 0.9%。2005 年环境退化成本占地区合计 GDP 的 2.93%。

5.1 水污染退化成本核算

5.1.1 结果说明

（1）由于缺乏明确的剂量反应关系研究，本次核算没有包括水污染引起的传染和消化道疾病的患病人数及其门诊和住院医疗、误工损失，因此，水污染造成的健康损失明显偏低；此外，死亡损失估算所采用的剂量反应关系也比较粗糙，有待改进。

（2）由于水源水污染而被迫重新选择水源地或水库的情况在地方经常发生，但由于缺乏相关数据，本次核算没有包括水污染造成的新建替代水源损失。

5.1.2 核算结果分析

2005 年利用污染损失法核算的水污染造成的环境退化成本为 2 836.0 亿元，其中，水污染对农村居民健康造成的损失为 197.8 亿元，污染型缺水造成的损失为 1 451.1 亿元，水污染造成的工业用水额外治理成本为 355.5 亿元，水污染对农业生产造成的损失为 468.4 亿元，水污染造成的城市生活用水额外治理和防护成本为 363.2 亿元，各项损失占总水污染退化成本的比例见图 5-1。

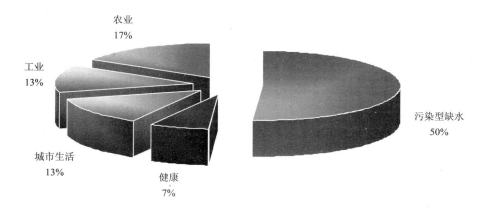

图 5-1　各项损失占总水污染退化成本的比例

（1）污染型缺水造成的环境退化成本。2005 年全国的缺水量约为 371.5 亿 t，其中污染型缺水量 273.8 亿 t，由于污染型缺水造成的环境退化成本为 1 451.1 亿元。东部地区水资源虽然丰富，但由于污染造成的缺水也非常严重，污染型缺水量达到 116.8 亿 t，约占总污染型缺水量的 42.6%，由此造成的经济损失达到 656.2 亿元。中、西部地区的污染型缺水量分别为 79.0 亿 t 和 78.0 亿 t，造成的经济损失分别约占总污染型缺水经济损失的 30%。

在全国 30 个省级行政地区[①]中，河北省的污染型缺水量最大，达到 33.3 亿 t，由此造成的经济损失约为 270.0 亿元，污染型缺水经济损失超过 100 亿元的还有山东和河南，这两个省的污染型缺水经济损失分别为 132.5 亿元和 108.4 亿元。上海、海南、北京、天津和宁夏的污染型缺水量小于 2 亿 t。

（2）水污染造成的健康经济损失。2005 年全国农村地区的平均自来水普及率[②]仅为 61.3%，还有约 2.8 亿农村居民喝不到安全饮用水[③]。据估算，由于饮用水污染造成的农村居民癌症死亡人数为 11.8 万人，造成的经济损失为 186.8 亿元，此外，由于喝不到安全饮用水患介水性传染病所造成的经济损失为 11.4 亿元。因此，保守估计 2005

---

① 由于缺乏西藏自治区的相关统计数据和资料，第 5 章在进行全国综合评价时，仅包括除西藏外的其他 30 个省、自治区和直辖市。
② 这里自来水普及率指农村饮用自来水人口占农村人口比例，以%计，数据来源于《中国卫生统计年鉴 2006》。
③ 由于缺乏各地区农村饮用不安全饮用水的人口统计数据，本报告粗略将非自来水饮用人口视为不安全饮用水覆盖人口。

年由于水污染造成的健康经济损失为 198.2 亿元。其中，东部地区喝不到安全饮用水的农村人口在东、中、西部 3 个地区中最少，为 6 208.6 人，但因水污染引起的健康经济损失最大，为 80.9 亿元；中部地区目前还有 37 722.1 的农村人口喝不到安全饮用水，占全国饮用不安全饮用水人口的 70.1%，自来水普及率为 47.8%，水污染造成的健康经济损失为 72.3 亿元；西部地区农村居民自来水普及率最低，为 41.9%，但由于人口密度和人均 GDP 都低于东中部地区，因此，西部地区的水污染健康损失低于中部地区，为 44.6 亿元。

在全国 30 个省级行政地区中，内蒙古、安徽、青海、陕西、四川、江西、吉林 7 个地区的农村自来水普及率都低于 50%，其中，内蒙古和安徽的农村自来水普及率仅分别为 34.6% 和 37.7%，由于饮用不安全饮用水造成的经济损失分别为 10.8 亿元和 7.6 亿元。河南、四川和安徽这 3 个人口多且自来水普及率低的省份的非自来水人口最多，分别为 3 236.5 万人、2 975.0 万人和 2 457.1 万人；上海、北京和天津这 3 个直辖市人口少、自来水普及率高，饮用非自来水的人口排在 30 个省份的后 3 位，其中，上海的农村自来水普及率已经达到 100%，没有饮用非自来水的人口。排在水污染造成的健康经济损失前 3 位的依次为山东（21.8 亿元）、河南（19.9 亿元）和广东（19.8 亿元），排在后 3 位的依次为上海（0 亿元）、北京（0.11 亿元）和青海（0.54 亿元）。

（3）水污染造成的农业经济损失。2005 年水污染对农业生产造成的经济损失为 468.4 亿元，其中，污灌造成的经济损失为 174.0 亿元，占总经济损失的 37.2%，水污染对林牧渔业造成的经济损失为 294.3 亿元。东、中、西部 3 个地区中，东部地区的水污染农业经济损失最大 253.9 亿元，西部最小 36.1 亿元，这 2 个地区污灌造成的经济损失大约都占各自水污染农业损失的 1/2，中部地区的水污染农业经济损失为 178.3 亿元，污灌造成的经济损失仅占 21%。

在全国 30 个省级行政地区中，污灌造成的经济损失主要集中在辽宁、河北、天津、河南海河和辽河流域省份，这 4 个省的污灌经济损失占总污灌损失的 70.2%，南方省份中浙江的污灌经济损失最大，约为 10.8 亿元。水污染造成的总农业经济损失超过 30 亿元的有河北、河南、江苏、辽宁和安徽，分别为 75.7 亿元、68.6 亿元、54.7 亿元、47.6 亿元和 30.0 亿元，其中，江苏和安徽的渔业损失相对较高。

（4）水污染造成的工业用水额外治理成本。2005 年不满足Ⅳ类水质要求的工业用水约为 97.4 亿 t，由于水污染造成的工业用水额外治理成本为 355.5 亿元，其中，东部地区为 228.1 亿元，占总工业用水额外治理成本的 64.2%，中部和西部地区分别为 97.8 亿元和 29.6 亿元，这说明东部地区的水污染情况依然相当严重。

在 30 个省级行政地区中，江苏省不满足工业用水水质要求的水量为 22.8 亿 t，经济损失最高达 83.3 亿元，其次为广东、浙江、黑龙江和上海，这 5 个省市的水资源都比较丰富，但由于污染造成的水污染问题比较严重，仅这 5 个省市的工业用水额外预处理成本就占总额外预处理成本的 72.1%。北京、湖北、海南、云南、陕西和新疆 6 省市没有因污染造成的工业用水额外预处理成本。

（5）水污染造成的城市生活用水额外治理和防护成本。2005 年不满足Ⅲ类水质水源水要求的城市生活用水共 55.2 亿 t，由此造成的城市生活用水额外治理成本为 140.8 亿元；同时，全国还有平均 28.9% 的城市居民因为担心饮用水被污染而选用桶装纯净水或自来水过滤净化装置，由此造成的城市居民防护成本为 222.4 亿元，两项合计 363.2 亿元。

东、中、西部 3 个地区的生活用水额外治理成本和工业用水的额外治理成本的特点类似，东部高、中、西部低，分别为 91.0 亿元、33.7 亿元和 16.1 亿元。上海、广东、江苏和浙江东部 4 省、市的生活用水额外治理成本为 88.6 亿元，占总额外治理成本的 63.0%。

城市生活用水防护成本与水质状况、居民收入水平以及人口相关，因此水质状况不好、收入水平高、人口多的东部地区的这项损失也是最高，132.1 亿元，中西部地区分别为 48.6 亿元和 41.7 亿元。这项损失高于 10 亿元的省依次为广东（30.8 亿元）、江苏（21.4 亿元）、浙江（17.2 亿元）、山东（14.9 亿元）和辽宁（13.4 亿元），海南、青海和宁夏 3 省低于 1 亿元。

5.2　大气污染退化成本核算

5.2.1　结果说明

（1）由于室内空气污染的人口暴露量难以估计，同时也缺乏明确的剂量反应关系，因此，没有评价室内空气污染造成的经济损失；另外，由于缺乏臭氧和铅的监测数据，臭氧对人体健康的影响无法核算。

（2）由于缺乏暴露反应关系研究，同时，相应的林业统计数据也难以获得，因此，没有估算大气污染造成的林业损失。

（3）根据试点省市绿色国民经济核算和环境污染损失调查的数据分析结果，2005 年环境退化成本核算比 2004 年增加了大气污染造成的额外清洁劳务费用，该项费用由城市街道、出租车、公交车、建成区建筑物外立面和家庭额外清洁劳务费用 5 项损失构成。

5.2.2　核算结果分析

2005 年，根据污染损失法核算的大气污染造成的环境退化成本为 2 869.0 亿元，其中，大气污染造成的城市居民健康损失最大，达到 1 765.1 亿元，大气污染造成的农业减产损失为 645.4 亿元，大气污染造成的材料损失为 136.4 亿元，大气污染造成的额外清洁劳务损失为 322.2 亿元，各项损失占总大气污染退化成本的比例见图 5-2。

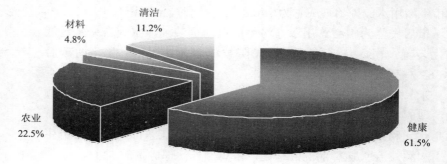

材料
4.8%

清洁
11.2%

农业
22.5%

健康
61.5%

图 5-2　各项损失占总大气污染退化成本的比例

（1）大气污染造成的健康经济损失。核算表明，2005 年全国由于大气污染共造成约 33.9 万人过早死亡、约 44.1 万呼吸和循环系统病人住院、约 21.7 万新发慢性支气管炎病人，造成的经济损失高达 1 765.1 亿元。这也就意味着，2005 年中国平均每 10 000 个城市居民中约 6.1 个人的死亡与空气污染有关，7.9 个人因为大气污染引发呼吸或脑血管系统疾病住院，新增 3.9 人在其未来的生活中忍受慢性支气管炎病痛的折磨。

东、中、西部 3 个地区的大气污染健康损失分别为 1 041.4 亿元、413.8 亿元和 309.9 亿元。在全国 30 个省级行政地区中，广东、江苏和山东 3 个省的大气污染健康损失最高，海南、青海和宁夏 3 省区的健康损失最低。但从每万人空气污染引发的死亡人数来看，北京、山西、宁夏、青海和甘肃排在前 5 位，这 5 个省市的万人空气污染死亡率分别为 7.63%、7.55%、7.45%、7.44%和 7.37%，广东、江苏和山东的万人空气污染死亡率分别为 4.8%、6.5%和 5.8%，这 3 个省的健康经济损失大在很大程度上是由于它们的人口基数大、人均 GDP 高所致。从图 5-3 来看，大气污染严重的北方地区对健康造成的物理影响远远高于南方地区，东部地区由于大气污染造成的经济损失远大于中部、西部地区。

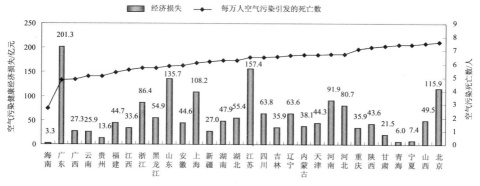

图 5-3　2005 年空气污染造成的万人空气污染死亡率和健康经济损失

（2）大气污染造成的农业经济损失。2005 年由于大气污染造成的农业减产经济损失为 645.4 亿元，在水稻、小麦、油菜子、棉花、大豆和蔬菜 6 类核算的农产品中，蔬菜的减产损失最大，达到 556.1 亿元，占整个大气污染农业经济损失的 87%，水稻、小麦、油菜子、棉花和大豆的经济损失分别为 31.8 亿元、22.6 亿元、15.2 亿元、9.2 亿元和 10.3 亿元，图 5-4 为各项农产品损失占总损失的比例。

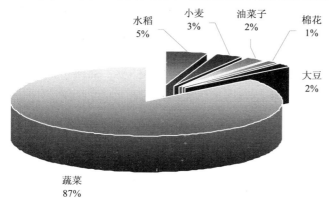

图 5-4　空气污染造成农产品损失的比例分布

东、中、西部 3 个地区的大气污染农业损失分别为 334.9 亿元、187.9 亿元和 122.6 亿元。在全国 30 个省级行政地区中，浙江、湖南、山东、广东和河北的大气污染减产损失列前 5 位，农业污染减产损失占农业总产值比例超过 8% 的是浙江省和山西省，分别达到 8.4% 和 8.0%，其次是上海 6.4%、湖南 5.5% 和重庆 5.2%。浙江、湖南等南方地区大气污染农业经济损失的主要诱因是酸雨，而山西省大气污染造成农业减产量大的主要原因是全省 SO_2 浓度严重超标，一半监测地区的 SO_2 年均浓度超过 150 mg/m^3，同时，粉尘污染对这项损失的贡献也不可小觑。

（3）大气污染造成的材料经济损失。2005 年大气污染造成的材料经济损失为 136.4 亿元，在核算的 14 个省市中，广东、浙江、江苏 3 个省的材料经济损失之和为 74.9 亿元，占总材料经济损失的 54.9%，其主要原因在于这 3 个省的建筑密度高、材料存量大。13 种核算材料中，大理石的经济损失最大，为 32.7 亿元，占总材料经济损失的 24.0%。

（4）大气污染造成的额外清洁劳务费用经济损失。2005 年大气污染造成的额外清洁劳务费用经济损失为 322.2 亿元，在城市街道、出租车、公交车、建成区建筑物外立面和家庭额外清洁劳务费用 5 项费用中，家庭额外清洁劳务费用最高，达到 217.3 亿元，占该项经济损失的 67.4%，街道、公交车、出租车和建筑物外立面的额外清洁费用分别为 4.1 亿元、0.2 亿元、0.4 亿元和 27.8 亿元。图 5-5 为各项清洁损失占总损失的比例。

东、中、西部 3 个地区的额外清洁费用损失分别为 1 637.2 亿元、712.4 亿元和 519.5 亿元。在全国 30 个省级行政地区中，广东、江苏、山东、河南和河北的额外清洁费用损失列前 5 位，这 5 个省的该项损失分别为 28.6 亿元、27.3 亿元、22.9 亿元、18.8 亿元和 18.1 亿元，这 5 个省的额外清洁费用占总损失的 35.9%；海南、青海、宁夏、贵州和广西的额外清洁费用损失列后 5 位。

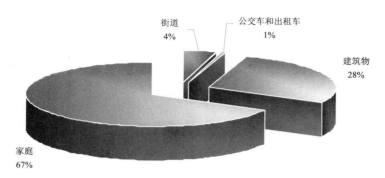

图 5-5　各项清洁费用损失占总清洁费用损失的比例

5.3　固体废物污染和污染事故退化成本核算

5.3.1　结果说明

（1）固体废物尤其是危险废物随意堆放或堆放场地防渗措施不合格造成的土壤和地下水污染损失由于缺乏统计调查数据，所造成的损失难以估算。本报告主要核算固体废物堆放侵占土地造成的土地机会成本丧失带来的经济损失。因此，固体废物污染造成的环境退化成本明显低估。

（2）由于统计范围不全，并且缺乏统一科学的污染事故统计和经济评价体系与方法，环境统计的污染事故经济损失明显偏低。

5.3.2　核算结果分析

（1）固体废物造成的环境退化成本。2005 年，全国工业固体废物的新增堆放量为 2.76 亿 t，经过粗略测算，约新增侵占土地 9 529.5 万 m²，其中，山地 7 183.6 万 m²，农田 2 345.9 万 m²，由此丧失的土地机会成本约为 21.3 亿元。同时，2005 年全国城市生活垃圾的新增堆放量为 6 029.6 万 t，农村生活垃圾的新增堆放量约为 6 708.6 万 t，经测算全国生活垃圾侵占土地约新增 3 525.1 万 m²，其中，山地 2 724.4 万 m²，农田 800.7 万 m²，由此丧失的土地机会成本约为 5.83 亿元。

工业固体废物和生活垃圾两项合计，造成的环境退化成本为 29.6 亿元。其中，东部地区 10.5 亿元，中部地区 6.9 亿元，西部地区 12.1 亿元。东部地区的固体废物环境退化成本更多来自生活垃圾，占生活垃圾堆放总量的 39.4%；西部地区的固体废物污染环境退化成本主要来自工业固体废物，西部地区工业固体废物堆放量占工业固体废物堆放总量的 52.3%。

在全国 30 个省级行政地区中，河北、辽宁、内蒙古、四川和广东的固体废物侵占土地损失列前 5 位，这 5 个省区的该项损失分别为 3.64 亿元、2.39 亿元、2.33 亿元、1.74 亿元和 1.71 亿元，这 5 个省区的固体废物污染损失占总损失的 39.9%；上海、天津、宁夏、海南和北京的固体废物侵占土地损失列后 5 位。

（2）环境污染事故造成的环境退化成本。2005 年全国共发生环境污染与破坏事故 1 407 起，其中，特大事故 16 起，重大事故 22 起，较大事故 153 起，一般事故 1 216 起，污染事故造成的直接经济损失为 1.05 亿元（未包括松花江水污染事件的损失）。

另据农业部和国家环保总局联合发布的 2005 年度《中国渔业生态环境状况公报》[1]，2005 年全国共发生渔业污染事故 1 028 次，造成直接经济损失 6.4 亿元。与 2004 年相比，渔业污染事故发生次数变化不大，但直接经济损失减少 4.4 亿元。因环境污染造成可测算天然渔业资源经济损失 45.9 亿元，其中内陆水域天然渔业资源经济损失为 8.1 亿元，海洋天然渔业资源经济损失为 37.8 亿元。

以上两项合计，2005 年全国环境污染事故造成的环境退化成本为 53.4 亿元，比 2004 年增加 2.4 亿元。环境污染事故退化成本占总环境退化成本的 0.93%，占当年地区合计 GDP 的 0.03%。

5.4　污染损失法价值量核算综合分析

5.4.1　结果说明

（1）与 2004 年相比，环境退化成本核算增加了空气污染造成的额外清洁劳务费用，此外，根据试点省市核算意见反馈，核算人口口径和某些技术参数也略有调整；因此，大气、水和固体废物污染等分项核算结果与 2004 年不可比，但从总体环境趋势而言，2005 年总环境退化成本与 2004 年总环境退化成本可比。

（2）污染损失涵盖的范围非常广泛，但由于缺乏统计或监测数据，以及由于核算方法或剂量反应关系研究的不成熟，还有多项污染损失

---

[1] 公报中仅公布全国由于污染事故造成的渔业经济损失，没有各省的损失数据。

没有核算在内，已经核算的损失项也存在一定的缺陷，如室内空气污染、替代水源经济损失等。环境退化成本核算的某些重要缺项，如生态破坏损失、地下水污染损失、土壤污染损失、水污染造成的新建替代水源成本和臭氧对人体健康的影响损失等，由于基础数据不支持或核算方法不成熟仍未包括进来。此外，从污染介质来看，噪声、辐射和光热污染等造成的经济损失由于物理暴露量难以估算，也没有包括在本次核算范围之内。

（3）由于没有各省污染事故造成的渔业经济损失数据，因此，各地区环境退化成本加和小于全国的环境退化成本。此外，由于西藏自治区的数据资料不完整，没有核算西藏自治区的环境退化成本。

（4）2005 年分地区的环境退化成本核算结果见附表 17。

5.4.2 核算结果分析

（1）环境退化成本总量分析。2005 年，根据污染损失法核算的环境退化成本 5 787.9 亿元，比 2004 年增加 669.6 亿元，增长了 13.1%，2005 年环境退化成本占地区合计 GDP 的 2.93%。其中，大气污染造成的环境污染退化成本为 2 869.0 亿元，水污染造成的环境退化成本为 2 836.0 亿元，固体废物堆放侵占土地造成的环境退化成本为 29.6 亿元，污染事故造成的经济损失为 53.4 亿元，分别占总退化成本的 49.6%、49.0%、0.5% 和 0.9%。各项污染损失占总环境污染退化成本的比例见图 5-6，各省市和地区的环境退化成本见附表 17。

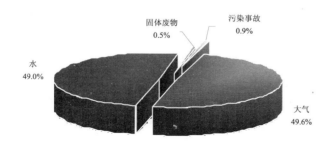

图 5-6 各项污染损失占总环境污染退化成本的比例

（2）地区环境退化成本分析。2005 年，不计污染事故损失的环境退化成本[①]为 5 734.5 亿元。东部 11 省市的环境退化成本为 3 090.9 亿元，占全国环境退化成本的 53.9%；中部 8 省市的环境退化成本为 1 545.4 亿元，占全国环境退化成本的 26.9%；西部 12 省市的环境退化成本为 1 099.4 亿元，占全国环境退化成本的 19.2%。3 个地区的环境退化成本和占各地区 GDP 的比例如图 5-7 所示。

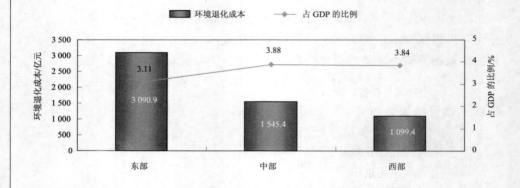

图 5-7　各地区的环境退化成本和占各地区 GDP 的比例

从各省市的环境退化成本来看，江苏省的环境退化成本最高，达到 523.5 亿元，占江苏省 GDP 的 2.86%，列环境退化成本第 2～5 位的分别是河北、广东、山东和河南，其环境退化成本分别是 506.8 亿元、491.9 亿元、409.5 亿元和 375.6 亿元，列前 5 位省市的环境退化成本占总环境退化成本的 40.2%；环境退化成本列后 5 位的分别是海南、青海、宁夏、贵州和新疆，5 个省的环境退化成本合计为 224.2 亿元，仅占全国总环境退化成本的 3.9%。从环境退化成本占各省 GDP 的比例来看，青海、宁夏、甘肃和陕西等省是环境退化成本绝对数量较小的省份，其环境退化成本占 GDP 的比例较高，环境退化成本占 GDP 的比例列前 5 位的省市由高到低依次为青海、宁夏、甘肃、河北和陕西，其中青海达到了 7.42%；环境退化成本占 GDP 的比例小于 2.0% 的省市由低到高依次为海南、福建和湖北，说明这几个省市经济发展的环境污染代价相对较低。全国各省市的环境退化成本和退化成本占 GDP 的比例见图 5-8。

---

① 以下如不特别说明，总环境退化成本指不计污染事故损失的环境退化成本。

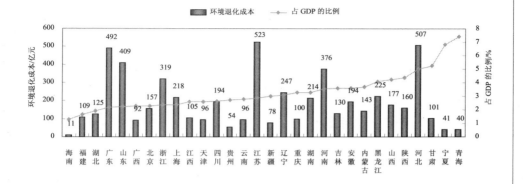

图 5-8　各省、区、市的环境退化成本和占各省市 GDP 的比例

图 5-9 为各省大气、水和固体废物环境退化成本占各省总环境退化成本的比例，北京市大气污染造成的环境退化成本远远高于水污染的环境退化成本，北京市大气污染的主要危害对象是人体健康。这里值得注意的一点是，一般人们认为宁夏、内蒙古、河北、山西、陕西和甘肃等中、西部北方省份的大气污染较为严重，但图 5-9 显示，这些省区水污染造成的损失比例都高于大气污染，这说明北方地区水污染形势日趋严峻。福建、重庆、湖北、江西、四川和湖南等南方省份的大气污染损失比例较高，其主要原因是这些地区的酸雨污染较为严重，对农作物和材料的危害较大。

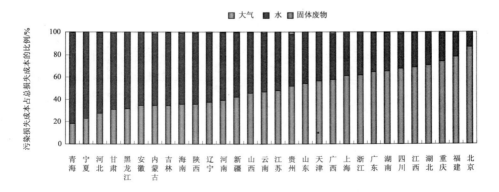

图 5-9　30 个省、区、市大气、水和固体废物污染损失成本占总损失成本的比例

　　图 5-10 和图 5-11 为各省的大气和水污染经济损失。河北省的水环境退化成本最高，为 361.8 亿元，其次为江苏省和河南省，分别为 270.4 亿元和 226.6 亿元；水环境退化成本最低的是海南省，其次为北京市和福建省，分别为 7.2 亿元、20.6 亿元和 23.9 亿元。广东省的大气环境退化成本最高，其次为江苏省和山东省，分别为 317.3 亿元、252.5 亿元和 221.9 亿元；大气环境退化成本最低的是海南省，其次为青海省和宁夏回族自治区，分别为 4.1 亿元、7.5 亿元和 9.5 亿元。

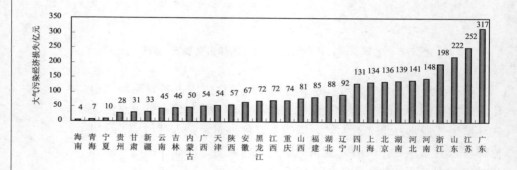

图 5-10　30 个省、区、市的大气污染经济损失情况

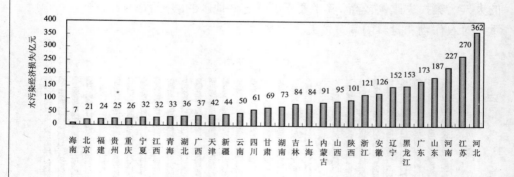

图 5-11　30 个省、区、市的水污染经济损失情况

　　在各省级行政地区中，河北省的固体废物环境退化成本最高，为 3.64 亿元，其次为辽宁省和内蒙古自治区，分别为 2.39 亿元和 2.33 亿元；固体废物环境退化成本最低的是上海市，其次为天津市和宁夏回族自治区，分别为 0.077 亿元、0.097 亿元和 0.099 亿元。

5.4.3　污染损失核算结果的启示

（1）根据模型的不完全计算，2005 年环境污染的经济损失：低估（大气污染引起早死经济损失用按人力资本法计算）5 787.9 亿元，占同期地区合计 GDP 的 2.93%；高估（大气污染引起早死经济损失，按支付意愿法计算）8 565.7 亿元，占地区合计 GDP 的 5.11%。

（2）环境污染造成的危害中，健康危害是最值得关注的。2005 年城市人口中约 33.9 万人的过早死亡以及约 21.7 万的新发慢性支气管炎病人与大气污染有关。PM_{10} 对人体健康的危害极大，根据国际组织多方面的研究，PM_{10} 浓度对健康的危害没有阈值，在浓度极低时对人体仍有危害，特别是对那些老人、儿童和体弱者等敏感人群。核算结果表明，城市空气质量达到二级标准仅是初级目标，在空气质量达到二级标准之后，不可盲目乐观，要继续向更清洁、更安全的目标迈进。

（3）水污染对人们健康危害的最大受害者是农民。根据 2005 年的中国卫生统计年鉴，2005 年我国农村的自来水普及率为 61.3%，但自来水的达标率也还比较低，还有 20% 的农民饮用沟塘水、窖水等不安全饮用水[①]，对健康有极大的危害。我国正在建设和谐社会、环境友好型社会，保证农民能喝上清洁的水是十分紧迫的任务。

水污染与健康危害问题复杂，同时，也缺乏可靠和系统的水源水、饮用水以及疾病监测资料，本报告在有限的文献研究基础上，对水污染造成的健康危害及其经济损失进行了探索性的、粗略的估算，其目的在于使污染损失核算尽量全面，不出现重大缺项。要建立可靠的水污染与健康危害之间的剂量反应关系，全面反映水污染对人体健康造成的经济损失，还需要更为坚实的基础数据和扎实的理论研究，建议国家环保总局与相关研究机构及卫生部等相关部门继续开展合作，尽快解决这一世界性的难题，为污染损失的科学评估提供依据。

（4）水污染是造成我国缺水的一个重要原因。核算结果表明，2005 年污染型缺水带来的经济损失高达 1 451 亿元，占当年地区合计 GDP 的 0.73%，污染造成的缺水已经对国家的可持续发展战略构成威胁。

（5）本次污染损失评估是在国内外专家研究成果基础[②]上对我国

[①] 中国卫生服务调查研究——第三次国家卫生服务调查分析报告[M]. 北京：中国协和医科大学出版社，2005.

[②] 主要估算方法采用国家环境保护总局与世界银行合作"中国环境污染损失模型"项目的研究成果。

2005 年环境污染损失做出的全面评估，评估按照国际公认的方法，采用中国自己的剂量反应关系和基础数据，获得的结果比较科学客观，与国外研究成果有可比性。

（6）环境污染损失的计量，不管是在学术上还是实践应用上，都是一个非常重要、科学性很强的课题，是环境经济核算的重要内容，应该在本项研究的基础上进一步努力，不断完善方法论，建立相应的数据支撑体系和上报汇总制度，为环境管理科学决策提供有力的支持。

第 6 章

经环境污染调整的 GDP 核算

6.1 结果说明

（1）全国 2005 年行业合计 GDP 为 183 084.80 亿元，地区合计 GDP 为 197 789.05 亿元。本报告中，各行业经环境污染调整的 GDP 核算以及污染扣减指数计算采用行业合计 GDP，各地区经环境污染调整的 GDP 核算以及污染扣减指数计算采用地区合计 GDP。

（2）在核算经环境污染调整的 GDP 总量时，只对虚拟治理成本（治理成本法）进行调整核算，对环境退化成本（污染损失法）不进行调整核算，只计算其占 GDP 的比例。

（3）本报告中的 GDP（或增加值）污染扣减指数是指虚拟治理成本占 GDP（或增加值）的百分数。

（4）31 个省市经环境调整的 GDP 及 GDP 污染扣减指数核算结果见附表 18，31 个省市的 GDP、经环境调整的增加值和 GDP 扣减指数排序见附表 19，各产业部门经环境调整的增加值及增加值污染扣减指数见附表 20，各工业行业 GDP、经环境调整的 GDP 和 GDP 扣减指数排序见附表 21，2004 年与 2005 年环境经济核算结果比较见附表 22。

6.2 总量分析

2005 年，全国行业合计 GDP 为 183 084.8 亿元，虚拟治理成本为 3 843.7 亿元，GDP 污染扣减指数为 2.1%，即虚拟治理成本占整个 GDP 的比例为 2.1%，见图 6-1。与 2004 年 1.8%相比，增加了 0.3%。从治理投资的角度核算，如果在现有的治理技术水平下全部处理 2005 年点源排放到环境中的污染物，约需一次性直接投资（不包括已经发生的）14 452 亿元，占当年 GDP 的 7.8%左右。

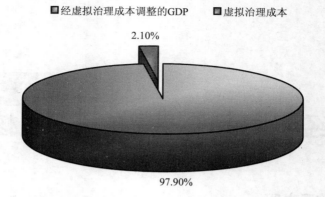

图 6-1　全国环境污染虚拟治理成本与生产总值的比较

6.3　地区分析

6.3.1　东、中、西部地区虚拟治理成本分析

　　从经环境污染调整的 GDP 地区核算结果来看，东部 11 省市的虚拟治理成本合计为 1 581.5 亿元，占全国虚拟治理成本的 41.2%；中部 8 省市的虚拟治理成本合计为 1 135.5 亿元，占全国虚拟治理成本的 29.5%；西部 12 省市的虚拟治理成本合计为 1 126.7 亿元，占全国虚拟治理成本的 29.3%。如图 6-2 所示。

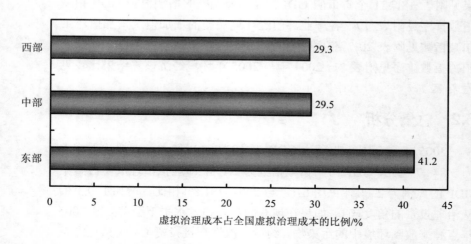

图 6-2　地区环境虚拟治理成本与全国虚拟治理成本的比较

东部 11 省市的虚拟治理成本占其 GDP 的平均比例为 1.34%，中部 8 省市的虚拟治理成本占其 GDP 的平均比例为 2.45%，西部 12 省市虚拟治理成本占其 GDP 的平均比例为 3.36%。由此可见，西部地区由于经济不发达，传统经济增长方式带来的环境污染较为严重，其虚拟治理成本占 GDP 的比例较高，比东部发达地区高出约 2%，见图 6-3。

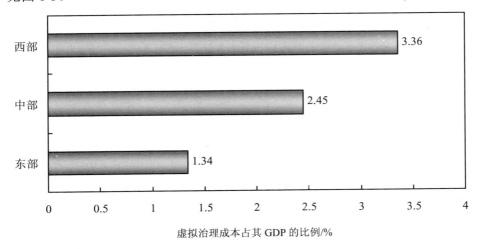

虚拟治理成本占其 GDP 的比例/%

图 6-3　地区环境虚拟治理成本占其 GDP 的比例

6.3.2　全国 31 个省区 GDP 污染扣减指数分析

图 6-4 为各省市 GDP 与 GDP 污染扣减指数排序。从各省市 GDP 与 GDP 污染扣减指数排序来看，上海市 GDP 污染扣减指数最低，为 0.59%；其次为北京市，污染扣减指数为 0.62%。GDP 污染扣减指数最高的两个省分别是宁夏和青海，分别为 7.19% 和 6.08%。从全国来看，GDP 污染扣减指数高于全国平均水平 2.1% 的省市有 19 个，低于全国平均水平 2.1% 的省市有 12 个。

6.3.3　全国 31 个省市 GDP 与经环境污染调整后 GDP 对比

图 6-5 是全国 31 个省市的 GDP 与经环境污染调整后的 GDP 对比分析图。从图中可以看出，经环境污染调整后的各省市 GDP 的排序与 GDP 排序基本相同。其中，在排序上稍微有所变化的省份是江西和广西。

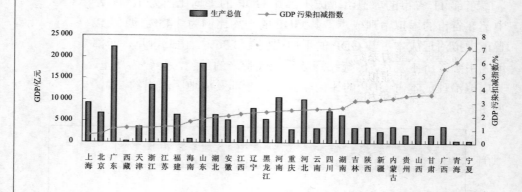

图 6-4　全国 31 个省、区、市的 GDP 及 GDP 扣减指数

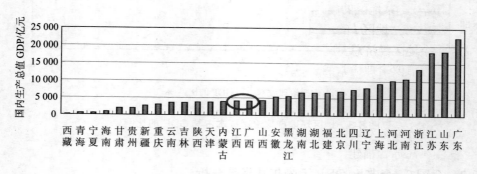

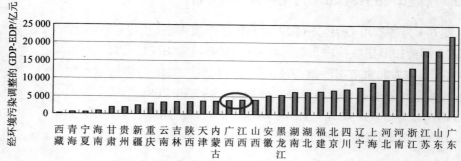

图 6-5　全国 31 个省、区、市的 GDP 与经环境污染调整后的 GDP 对比

6.3.4　全国 30 个省市的治理投入能力对比

　　为了比较各地区的治理成本欠账与经济发展水平之间的差距，这里引入治理投入能力系数，它指某地区当年 GDP 占同期全国 GDP 的比例与某地区当年虚拟治理成本占全国虚拟治理成本的比例的比值，即以各地区经济总量相对于各地区的虚拟治理成本投入需求的大小来衡量各地区未来提高其污染治理水平的能力。治理投入能力系数的计算公式如下：

$$IC_i=（GDP_i/GDP_N）/（MC_i/MC_N）$$

式中：IC_i——地区 i 的治理投入能力系数；

　　　　MC_N——全国的虚拟治理成本；

　　　　GDP_N——国内生产总值；

　　　　MC_i——某地区的虚拟治理成本；

　　　　GDP_i——地区 i 的生产总值。

　　若一个地区经济总量占全国经济总量的比例，相对于其虚拟治理成本占全国虚拟治理成本的比例更高，即治理投入能力系数大于"1"，则说明该地区的治理投入能力高，否则说明这一地区清还环境治理欠账的能力相对于经济发展水平滞后。图 6-6 为全国 30 个省、区、市治理投入能力系数对比图，由图中可以看出，上海、北京、广东、天津、浙江、江苏、福建、海南、山东、湖北 10 个省市的治理投入能力系数高于 1，其中，上海和北京的治理投入能力系数远远高于其他省市；其他 20 个省市的治理投入能力系数都低于 1，治理投入能力系数较低的省份无一例外全部来自西部地区。

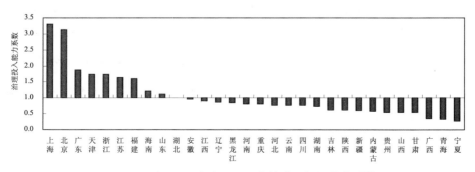

图 6-6　全国 30 个省、区、市的治理投入能力系数

6.3.5 全国 30 个省市的环境退化程度对比

为了比较各地区的环境退化程度与经济发展水平之间的差距，这里引入环境退化程度系数，它是指某地区当年环境退化成本占同期地区 GDP 的比例与全国环境退化成本占全国 GDP 的比例的比值，即以全国环境退化成本与全国 GDP 的比值为基准（等于 1），来衡量各地区相对于经济发展水平所付出的环境代价。环境退化程度系数的计算公式如下：

$$ED_i = （PC_i/GDP_i）/（PC_N/GDP_N）$$

式中：ED_i——地区 i 环境退化程度系数；

PC_i——某地区的环境退化成本；

GDP_i——某地区的生产总值；

PC_N——全国的环境退化成本；

GDP_N——国内生产总值。

若一个地区环境退化成本占同期 GDP 的比例高于全国平均水平，即环境退化程度系数大于"1"，则说明该地区相对于经济发展水平付出的环境代价大，否则说明这一地区经济发展的环境代价低。图 6-7 为全国 30 个省市环境退化程度系数对比图，由图中可以看出，海南、福建、湖北、广东和山东等 15 个省市的环境退化程度系数小于 1，其中，海南和福建省的环境退化程度系数远远小于其他省市；青海、宁夏等其他 15 个省市的环境退化程度系数大于 1，其中，青海和宁夏的环境退化程度系数高于 2。这里需要特别强调的是，环境退化程度系数是对全国范围内不同地区之间经济发展所付出的环境代价的相对值的客观比较，并不表示环境退化程度系数低的省份可以牺牲环境来发展经济。

6.3.6 全国 30 个省市虚拟治理成本与污染损失成本对比分析

这里引用效益费用比的概念来进行虚拟治理成本（费用）与污染损失成本（效益）的对比分析，即效益费用比＝污染损失成本（环境退化成本）/虚拟治理成本的比值。

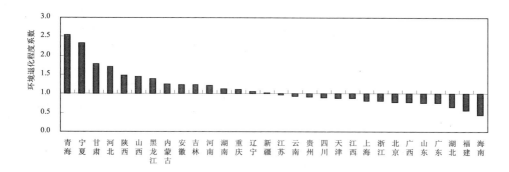

图 6-7　各省市的环境退化程度系数

图 6-8 是全国 30 个省市的环境污染效益费用比对比分析图。从图中可以看出，在东部地区中，除海南外的其他省市的污染损失成本都高于虚拟治理成本，其中，上海和北京的效益费用比较高，分别达到 4.1 和 3.7，江苏、天津、浙江、广东和河北的效益费用比分别为 2.43、2.34、2.12、2.12 和 2.02。中部 8 个省市的效益费用比都高于 1，其效益费用比在 1.0～1.8。在西部 12 省市中，有 5 个省市的虚拟治理成本超过了污染损失成本，分别是广西、贵州、新疆、宁夏和四川，其中广西的虚拟治理成本为 227.34 亿元，污染损失成本为 92.5 亿元，虚拟治理成本是污染损失成本的 2.5 倍。

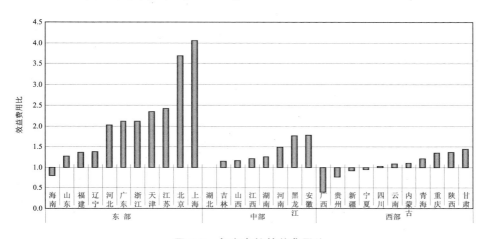

图 6-8　各省市的效益费用比

通过以上对全国 30 个省市治理投入能力系数、环境退化程度系数和效益费用比的对比分析，可以得出以下结论：①西北部和大多数中部省份（湖北、江西除外）经济发展的环境退化程度高于全国平均水平，环境污染治理投入能力低于全国平均水平；②在不计入生态破坏损失的情况下，大多数西南省份（重庆除外）经济发展的环境退化程度低于全国平均水平，环境污染治理投入能力也低于全国平均水平；③大多数东部省份（河北、辽宁除外）的环境退化程度低于全国平均水平，环境污染治理投入能力高于全国平均水平；④大多数东部省份人口基数大、经济总量大，环境容量小，因此其污染损失成本总量较大，但污染损失成本相对经济总量比例低，因此，其污染治理费用效益显著，特别是北京、上海和天津这3个直辖市的效益费用比较高；⑤西部省份人口基数小、经济总量低、环境容量大，因此其污染损失成本总量较小，出现了效益小于费用的情况，这一方面反映了这些省份相对于东部地区环境容量大、环境质量相对较好，但更重要的原因在于目前的污染损失成本计算不全面，结果偏小。

6.4 行业分析

6.4.1 三大产业部门

从经环境污染调整的 GDP 产业部门核算结果来看，2005 年，第一产业部门虚拟治理成本为 365.3 亿元，增加值污染扣减指数为 1.58%；第二产业虚拟治理成本为 2 060.5 亿元，增加值污染扣减指数为 2.37%；第三产业虚拟治理成本为 1 417.9 亿元，增加值污染扣减指数为 1.94%。三大产业虚拟治理成本及占其增加值的比例如图 6-9 所示。

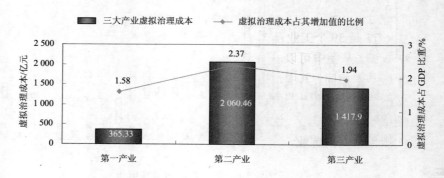

图 6-9 三大产业虚拟治理成本及占其增加值的百分比

6.4.2　39个工业行业

从各工业行业来看，2005 年，增加值污染扣减指数最低的行业是烟草制品业，扣减指数为 0.04%；其次为自来水生产供应业和通信计算机设备制造业，扣减指数分别为 0.05% 和 0.06%，不超过 0.1% 的行业还有家具制造业、电气机械业和文教用品业等，说明这些行业的环境污染程度较小。增加值污染扣减指数最高的两个行业分别是有色金属矿采选业和造纸及纸制品业，分别为 10.8% 和 32.1%，说明这两个行业的经济与环境效益比最低，污染比较严重。39 个行业污染扣减指数见图 6-10。

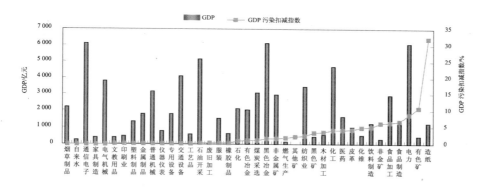

图 6-10　39个工业行业增加值及其污染扣减指数

6.4.3　39个工业行业增加值与经环境污染调整后的增加值对比

图 6-11 是 39 个工业行业的增加值与经环境污染调整后的增加值对比分析图。从图中可以看出，经环境污染调整后的各行业排序与调整前排序基本相同。其中，在排序上稍微有所变化的行业是家具制造业、黑色金属矿采选业、有色金属矿采选业、印刷业、化学纤维制品业、皮革制品业、造纸、饮料制造业、食品制造业、通信计算设备制造业、黑色金属冶炼业。

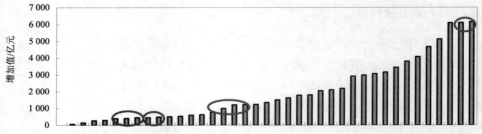

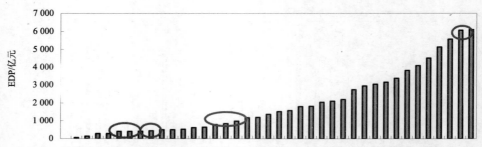

图 6-11 39 个工业行业的增加值与经环境污染调整后的增加值对比

6.4.4 39 个工业行业的环境经济效益比

为了比较各工业行业的总环境污染治理成本（实际治理成本与虚拟治理成本之和）与其增加值之间的差距，这里引入工业行业环境经济效益比的概念，它是指全国工业行业合计总治理成本占工业生产增加值的比例与某行业总治理成本占同期行业增加值的比例的比值，即以工业行业合计总治理成本与工业生产增加值的比值为基准（"1"），来衡量各行业的增加值贡献与其环境污染治理负担。工业行业环境经济效益比的计算公式如下：

$$EP_i = (EE_N / OVA_N) / (EE_i / OVA_i)$$

式中：EP_i——工业行业 i 的环境经济效益比；

　　　EE_N——全国工业行业合计总治理成本；

　　　OVA_N——工业行业增加值；

　　　EE_i——行业 i 的总治理成本；

　　　OVA_i——行业 i 的增加值。

若一个行业的总治理成本占同期行业增加值的比例高于工业行业平均水平，即环境经济效益比大于 1，则说明该行业的环境污染治理成本相对于其经济贡献高，否则说明这一行业的环境污染治理成本相对于其经济贡献低。计算结果表明，大多数行业的环境经济效益比高于工业行业平均水平，烟草制品、自来水、塑料、通信、家具等轻污染行业的环境经济效益比非常高，分别达到 55.0、47.0、20.8 和 20.3。图 6-12 列出了主要污染行业的环境经济效益比，从图中可以看出，造纸、矿产开发、电力、食品制造加工和化工等重污染行业的环境经济效益比低于工业行业平均值，纺织、冶金和石化等污染行业的环境经济效益比稍高于行业平均水平，这里需要注意的是，矿产开发和冶金属于同一产业链，冶金行业由于行业增加值高，其环境经济效益比高于矿产开发行业。

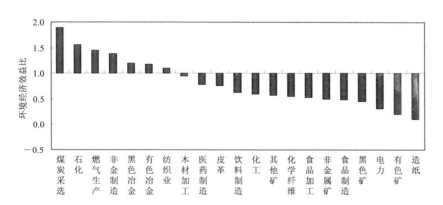

图 6-12　主要污染行业的环境经济效益比

第7章
结论和建议

本报告在 2004 年提出的《中国绿色国民经济核算研究报告 2004》的基础上，总结试点地方经验和建议，按地区和按产业部门对基于环境污染调整的国内生产总值进行了核算，核算得出了 2005 年中国经环境污染调整的 GDP，初步形成了年度核算报告制度。

7.1 结论

2005 年环境经济核算的主要结论如下。

7.1.1 基于环境因素调整的 GDP 核算方法切实可行

目前提出的《中国资源环境经济核算体系框架》和《中国环境经济核算体系框架》（以下简称《框架》），既遵循了联合国提出的 SEEA 体系，又充分考虑了中国的资源环境统计现状，本着先易后难、分步推进的原则，首先完成了经狭义环境污染调整的 GDP 核算框架构建和方法研究。通过两年多的研究工作和 10 个省市的试点实践，证实《框架》具有较强的可操作性。

基于"治理成本法和污染损失法"的环境价值量核算方法与技术规范尽管专业性较强，并存在技术方法不完善、统计数据体系不完整和生态破坏损失缺项等问题，但从两年来的核算实践来看，采用治理成本方法测算虚拟污染治理成本，并核算经环境污染调整的 GDP 是可行的，可以在地方统计和环保部门推广使用；运用环境污染损失法核算环境退化成本基本符合中国实际，对于环境经济综合决策具有重要的参考意义。

7.1.2 环境经济核算的理论与方法体系逐渐成熟

在归纳总结 2004 年核算研究和 10 个试点地方实践经验的基础

上，2005 年的环境经济核算进一步明确并扩大了水污染、大气污染和固体废物污染的核算范围，完善了水污染实物量核算、大气污染实物量核算、固体废物污染实物量核算的方法，补充建立了公路交通运输行业的污染物实物量和价值量核算、大气污染造成的额外清洁劳务费用的计算模型，修正了部分技术参数，建立了按地区和产业部门对基于环境污染调整的国内生产总值核算的方法体系。

通过国家层面 2005 年和 2004 年的环境经济核算实践以及 10 个省市 2004 年的经污染调整的绿色 GDP 核算试点，环境经济核算的理论与方法体系已逐渐成熟，环境经济核算年度报告制度初步形成。

7.1.3　环境污染实物排放量呈微量上升态势

2005 年全国废水排放量 651.3 亿 t，比 2004 年增加 7.3%，COD 排放量 2 195.0 万 t，比 2004 年增加 4.1%，氨氮排放量 242.5 万 t，比 2004 年增加 8.7%；2005 年全国 SO_2 排放量 2 568.5 万 t，比 2004 年增加 4.8%；烟尘排放量 1 182.5 万 t，比 2004 年增加 7.9%；工业粉尘排放量 911.2 万 t，比 2004 年增加 0.7%；氮氧化物排放量 1 937.1 万 t，比 2004 年增加 17.6%。总体来说，主要污染物的排放量呈微量上升态势。

与 2004 年相比，工业二氧化硫去除率提高了 3.1%，工业烟尘和粉尘的去除率和 2004 年基本持平；2005 年工业废水排放达标率没有明显提高，城市生活废水处理率比 2004 年提高了 5.1%；一般工业固体废物的处置利用率比 2004 年增加 2.7%；危险废物处置利用率比 2004 年增加 5.2%，城市生活垃圾无害化处理率和处理率分别比 2004 年提高了 1.2% 和 2.1%。

7.1.4　环境治理投资不足情况没有改善

2005 年，全国虚拟治理成本为 3 843.7 亿元，与 2004 年核算口径相同（不考虑公路交通污染源排放）的虚拟治理成本为 3 328.1 亿元，比 2004 年增加 15.8%，环境治理投入不足情况没有改善。2005 年水污染虚拟治理成本为 2 084.0 亿元，大气污染虚拟治理成本为 1 610.9 亿元，固体废物污染虚拟治理成本为 148.7 亿元，分别占总虚拟治理成本的 54.2%、41.9%、3.9%；2005 年全国行业合计 GDP 为 183 085 亿元，经虚拟治理成本调整的 GDP 为 179 241 亿元，虚拟治理成本占行业合计 GDP 的比例为 2.1%，即 2005 年全国 GDP 污染扣减指数为 2.1%。

核算表明，如果在现有的治理技术水平下全部处理 2005 年点源排放到环境中的污染物，需要一次性直接投资约为 15 000 亿元，占当年 GDP 的 8.2%左右，其中，规模化畜禽养殖废水治理投资 310 亿元、农村生活废水治理投资 1 760 亿元、工业废水治理投资 3 520 亿元、城市污水处理厂治理投资 2 000 亿元、工业废气治理投资 2 300 亿元、燃气改造和集中供热设施投资 1 930 亿元、汽车尾气治理投资 2 600 亿元、工业固体废物治理投资 390 亿元、城市生活垃圾处理厂投资 190 亿元。同时每年还需另外花费治理运行成本 3 844 亿元（虚拟治理成本），占当年工业合计 GDP 的 2.1%。

2005 年，我国用于环境污染的治理投资为 2 388.0 亿元，仅占当年 GDP 的 1.3%；同时，2005 年我国实际发生的运行成本只占需求总量的 27%，而水污染实际投入的运行成本仅占需求总量的 16%。在 39 个工业行业中，电力和造纸行业是虚拟治理成本最高的两个行业，分别占全国环境污染虚拟治理成本的 13.8%和 10.2%，分别占当年行业合计 GDP 的 0.29%和 0.21%。无论从治理投资还是运行成本的角度来看，环境治理投入的差距都非常巨大。

7.1.5　环境退化趋势尚未得到遏制

2005 年，全国用污染损失表示的环境退化成本为 5 787.9 亿元，比 2004 年增加 669.6 亿元，上升了 13.1%，2005 年环境退化成本占地区合计 GDP 的 2.93%。按可比价格计算 2005 年 GDP 增长率 10.4%，扣除环境污染损失成本，全国 GDP 实际增长率只有 7.47%，环境退化趋势尚未得到遏制。

2005 年，水环境退化、大气环境退化、固体废物和污染事故成本分别为 2 836.0 亿元、2 869.0 亿元、29.6 亿元和 53.4 亿元，分别占总环境退化成本的 49.6%、49.0%、0.5%和 0.9%。从地区来看，环境退化成本占地区合计 GDP 比例最高和最低的分别是青海和海南，分别是 7.42%和 1.28%。

7.1.6　东部地区污染治理效益显著

本报告引入了治理投入能力系数、环境退化程度系数和效益费用比 3 个概念。通过对比分析发现，西北部和大多数中部省份经济发展的环境退化程度高于全国平均水平，环境污染治理投入能力低于全国平均水平；大多数东部省份污染治理的费用效益显著。

这里需要特别指出的是，目前的污染损失成本计算不全面，生态破坏损失、地下水污染损失、土壤污染损失和室内空气污染造成的损失等项重要损失，由于基础数据不支持或核算方法不成熟无法包括进来，有个别省份出现了效益小于费用的情况。

7.2　建议

开展绿色国民经济核算是一项意义深远的工作。为了保证绿色 GDP 核算下一步工作的顺利开展，提出以下建议。

7.2.1　继续完善绿色 GDP 的核算内容与方法

绿色 GDP 核算是一个复杂的体系，尽管通过国家技术组的深入研究和积极实践，提出了绿色国民经济核算框架，完成了 2004 年和 2005 年的环境经济核算研究报告，但其中许多重要内容和核算方法尚待补充完善：①进一步研究生态破坏实物量核算与自然资源的实物量核算的技术方法；②继续完善环境污染损失的核算内容与方法，重点研究环境污染对人体健康造成的损失，特别是室内空气污染对人体健康造成的损失、水污染对人体健康造成的损失；③开展环境污染事故经济损失评估研究工作，建立污染事故经济损失评估体系，并将其纳入绿色国民经济核算体系框架中；④加强环境基础调查研究工作。加快改进现有的环境监测体系和环境统计制度，做好全国污染源普查、全国地下水污染调查和全国土壤污染调查 3 项基础性调查工作，为开展年度的绿色核算提供数据基础。

7.2.2　加快建立中国绿色国民核算制度

绿色 GDP 核算的相关制度建设对保证绿色 GDP 核算的顺利实施至关重要，需要引起有关部门的高度重视，应加快建立和完善。①建立正常规范的核算数据交换机制，建议由国家统计局作为牵头单位，积极争取水利部、卫生部、农业部、林业局、海洋局等部门的支持，为后续研究和核算工作提供数据依据；②完善现行的资源环境统计制度；③建立相关的标准法规制度，如绿色 GDP 核算方法和标准的统一规范、核算过程的监督管理制度、核算结果发布制度和奖惩制度等；④实施绿色 GDP 核算的工作制度和核算研究报告审查发布制度，以适当的方式定期发布环境污染扣减指数以及环境损失占 GDP 的比例等核算数据。

7.2.3　进一步推广开展绿色国民经济核算

建议各试点省市加强绿色国民经济核算指标体系和基础统计研究工作，进一步完善核算内容和方法，将绿色国民经济核算工作深入开展下去。建议国家统计局和国家环保总局将绿色国民经济核算作为一项常规核算研究工作开展下去，制订绿色国民经济核算的推广和试点计划，扩大环境经济核算试点的范围和级别。目前，已有部分试点省市表示将继续试点工作，有些省市也表现出了开展绿色国民经济核算工作的强烈愿望，本着自愿参加的原则，国家技术组将一如既往地支持这些省市开展绿色国民经济核算工作，组织技术培训，提供核算软件。

7.2.4　为绿色国民经济核算提供稳定的经费支持

开展绿色国民经济核算和环境污染损失调查工作没有先例可循，没有现成的经验可供借鉴。因此，这项工作一开始就受到国际国内社会的广泛关注，在热切盼望和鼓励肯定中夹杂着不少质疑的声音。在工作进行中，环保部门和统计部门不仅承受了巨大的压力，更面临资金匮乏等实际困难。许多试点省市由于经费未得到落实，导致调查任务未能全部完成。在下一步工作中，由于经费不能落实，个别省市也表示无法再继续核算下去。绿色国民经济核算是为了解决资源环境约束问题、推动环境保护与经济发展相协调寻找策略和方法的一个利国利民的研究工作，建议从国家到试点省市政府，为这个项目提供稳定的经费支持。

7.2.5　深入挖掘绿色核算结果的政策含义

要加强对核算结果的分析，根据分析结果，制定积极有效的环境经济政策。各级政府和有关部门应消除利益之争、门户之见，主动把具体的研究成果纳入决策体系，对经济社会发展的决策进行科学评估和合理调整。应重点研究如何利用绿色国民经济核算结果来确定污染治理重点行业、重点区域、规划产业环保功能区、协调区域发展方向，制定相关的污染治理、环境税收、生态补偿、领导干部绩效考核制度等环境经济政策，有的放矢地促进地方经济可持续发展。

7.2.6　拓宽绿色核算的国际合作领域和渠道

在世行绿色国民经济核算技术援助项目的基础上，应继续加强与联合国统计署、欧盟以及在绿色国民经济核算方面处于领先水平国家的联系，充分利用良好的国际合作平台，争取国际社会对我国这项工作的更大支持。建议在以下几方面开展国际合作：①学习国际社会在绿色 GDP 核算方面主流的、规范的做法，例如联合国推荐的综合环境与经济核算体系（SEEA—2003）。②在具体的核算领域进行合作，如环境实物量核算、环境污染经济损失核算、生态破坏经济损失核算、物质流核算（MFA）和资源流核算（RFA）、企业环境会计制度等。③在环境经济核算能力建设方面的合作，如培训有关核算技术人员，建立相关核算技术支持机构等。通过合作与交流，把绿色国民经济核算工作做好做实，建立一个与国际接轨的绿色国民经济核算体系，为世界绿色国民经济核算和可持续发展作出贡献。④与联合国环境经济核算委员会、环境经济核算伦敦小组、世界银行、欧洲环境局等国际机构以及加拿大、挪威、荷兰、印度、巴西、墨西哥等国家加强协作，建立绿色核算合作和交流平台。

通过基础研究的不断充实和核算试点的坚持不懈，把绿色国民经济核算研究工作做好做实，争取到 2015 年，完成基于环境的中国绿色国民经济核算体系框架的构建，实现核算内容与技术方法的统一化、规范化、制度化。

附表

附表1　按部门分的水污染实物量核算表（2005年）

行业		污染物/t 重金属			氰化物			COD			石油			氨氮			废水/万t		
		产生量	去除量	排放量	产生量	去除量	排放量	产生量	去除量	排放量	产生量	去除量	排放量	产生量	去除量	排放量	排放量	排放达标量	排放未达标量
第一产业	种植业	—	—	—	—	—	—	2 848 601	0	2 848 601	—	—	—	569 720	—	569 720	1 221 858	0	1 221 858
	畜牧业	—	—	—	—	—	—	5 555 293	4 204 264	1 351 029	—	—	—	542 171	412 745	129 426	26 287	6 503	19 784
	农村生活	—	—	—	—	—	—	1 333 526	20 955	1 312 570	—	—	—	130 306	2 096	128 210	19 441	0	19 441
	小计	—	—	—	—	—	—	9 737 420	4 225 219	5 512 201	—	—	—	1 242 197	414 841	827 356	1 267 586	6 503	1 261 083
	比例/%	—	—	—	—	—	—	23.9	22.4	25.1	—	—	—	35.1	37.3	34.1	19.5	0.2	34.0
第二产业	煤炭	—	—	1.074	1.534	0.302	1.231	315 196	228 375	86 820	601.2	291.9	309.4	2 756.3	361.5	2 394.8	56 082	42 368	13 714
	石油	—	—	0.156	56.170	39.786	16.384	223 471	147 402	76 068	59 853.3	39 838.0	20 015.3	5 590.4	1 709.0	3 881.4	13 527	9 129	4 398
	黑色矿	—	—	7.895	0.000	0.000	0.000	26 805	9 650	17 155	46.7	22.3	24.5	741.4	145.8	595.7	17 118	13 794	3 324
	有色矿	—	—	155.665	2 019.961	1 552.866	467.095	157 151	66 145	91 006	188.0	6.0	181.9	527.1	59.6	467.5	37 431	26 393	11 038
	非金属矿	—	—	1.812	0.000	0.000	0.000	33 088	7 550	25 537	39.4	25.4	14.0	1 937.2	76.9	1 860.4	15 590	11 778	3 812
	其他矿	—	—	0.173	0.000	0.000	0.000	435	155	281	0.0	0.0	0.0	42.2	31.4	10.9	596	468	128
	食品加工	—	—	1.149	14.566	5.036	9.529	1 811 764	892 407	919 357	907.5	437.2	470.4	68 615.0	10 306.8	58 308.2	143 017	96 520	46 497
	食品制造	—	—	0.198	107.610	76.752	30.858	783 546	464 562	318 984	975.2	500.8	474.4	91 413.9	46 299.9	45 114.0	51 490	35 787	15 703
	饮料制造	—	—	0.029	0.637	0.201	0.435	1 132 149	752 960	379 190	705.8	524.7	181.2	14 722.8	4 477.5	10 245.3	52 180	36 792	15 388
	烟草制品	—	—	0.000	0.000	0.000	0.000	7 963	2 065	5 897	85.8	56.0	29.8	237.7	55.3	182.4	3 377	2 551	826
	纺织业	—	—	2.591	11.251	6.446	4.805	1 402 561	921 468	481 092	850.0	382.6	467.4	30 126.1	9 752.9	20 373.1	207 054	171 022	36 032
	服装鞋帽	—	—	0.118	3.599	3.122	0.476	57 973	30 580	27 392	19.8	4.2	15.5	2 132.7	391.7	1 741.0	11 042	9 454	1 588
	皮革	—	—	21.514	0.000	0.000	0.000	485 623	327 254	158 369	125.5	28.3	97.2	13 503.2	2 948.8	10 554.4	22 046	16 877	5 169
	木材加工	—	—	0.000	0.380	0.302	0.078	60 268	25 417	34 851	122.0	51.3	70.6	2 288.3	155.2	2 133.1	7 897	6 205	1 692

行业	重金属 产生量	去除量	排放量	氧化物 产生量	去除量	排放量	COD 产生量	去除量	排放量	石油 产生量	去除量	排放量	氨氮 产生量	去除量	排放量	废水/万t 排放量	排放达标量	排放未达
家具制造	—	—	0.463	132.390	107.574	24.816	3 055	1 566	1 488	35.0	4.8	30.1	417.3	26.5	391.2	958	753	205
造纸	—	—	0.287	1.831	0.201	1.629	7 357 356	4 204 709	3 152 648	918.7	337.9	580.8	71 247.5	15 036.8	56 210.7	441 709	311 450	130 259
印刷业	—	—	0.092	0.619	0.201	0.417	8 136	2 306	5 831	1 533.6	1 266.3	267.3	1 250.2	48.9	1 201.3	1 945	1 587	358
文教用品	—	—	0.148	1.782	1.511	0.271	2 793	1 360	1 433	12.6	3.3	9.2	54.3	5.0	49.2	1 036	814	222
石化	—	—	4.439	1 219.551	1 007.847	211.704	754 063	584 396	169 667	147 148.9	125 742.9	21 406.0	111 864.8	82 587.0	29 277.8	81 895	70 118	11 777
化工	—	—	145.444	6 300.451	5 103.498	1 196.953	1 799 683	996 590	803 093	36 309.5	26 821.8	9 487.6	565 771.7	270 455.2	295 316.5	407 603	320 247	87 355
医药	—	—	0.758	61.379	48.751	12.628	727 386	472 308	255 078	1 852.2	1 086.9	765.3	21 650.8	8 656.0	12 994.8	48 147	37 344	10 804
化纤	—	—	0.329	13.865	8.159	5.707	452 244	318 633	133 611	1 653.1	1 207.7	445.4	9 423.4	4 353.8	5 069.5	58 325	50 525	7 800
橡胶	—	—	0.232	0.110	0.101	0.009	12 261	5 441	6 819	500.9	308.9	192.0	586.8	45.7	541.1	7 355	6 668	687
塑料	—	—	0.268	1.835	1.712	0.122	11 558	6 948	4 610	32.5	12.5	20.0	227.3	49.4	177.9	2 751	2 494	257
非金属制造	—	—	0.341	33.724	27.296	6.428	115 807	47 196	68 611	1 281.9	746.5	535.5	2 297.4	525.4	1 772.0	58 003	46 156	11 847
黑色冶金	—	—	81.278	7 151.261	5 783.992	1 367.269	477 415	226 492	250 924	71 354.2	54 067.7	17 286.6	53 535.9	25 768.5	27 767.4	204 292	162 567	41 725
有色冶金	—	—	483.677	351.318	314.965	36.353	66 028	27 142	38 885	2 579.8	1 948.8	631.0	21 542.7	7 655.5	13 887.3	40 554	31 863	8 691
金属制品	—	—	34.450	1 065.905	962.421	103.485	117 210	89 987	27 224	651.6	388.4	263.2	1 317.7	494.4	823.3	25 314	22 439	2 875
普通机械	—	—	2.386	6.416	1.612	4.804	44 761	20 838	23 924	3 170.9	1 847.4	1 323.5	1 462.1	138.6	1 323.5	18 817	15 732	3 085
专用设备	—	—	1.437	25.665	21.454	4.211	29 757	14 487	15 271	8 262.5	7 488.0	774.5	3 556.5	1 285.8	2 270.7	13 614	12 341	1 272
交通设备	—	—	6.264	34.393	31.325	3.068	80 436	39 079	41 357	4 906.0	3 721.2	1 184.8	2 752.1	649.8	2 102.3	29 637	26 271	3 366
电气机械	—	—	3.392	13.439	11.281	2.158	45 579	32 775	12 804	346.2	210.4	135.8	767.3	366.9	400.3	9 747	8 542	1 205
通信业	—	—	6.472	64.956	56.003	8.953	56 960	37 272	19 688	375.0	180.5	194.5	1 507.1	433.0	1 074.1	22 535	20 429	2 106
仪器制造	—	—	3.486	61.914	56.406	5.508	24 044	13 376	10 668	815.1	694.8	120.3	1 242.6	620.7	621.9	8 705	7 892	813
工艺品	—	—	0.182	5.607	4.130	1.477	8 371	2 763	5 608	19.6	7.1	12.4	387.8	60.9	326.9	2 597	2 040	557
废旧加工	—	—	0.070	0.394	0.302	0.092	1 144	322	822	14.4	6.9	7.4	41.3	24.4	16.9	283	222	61
第二产业 电力生产	—	—	33.557	2 453.930	2 262.973	190.957	310 711	159 562	151 149	2 669.1	1 457.9	1 211.2	11 161.1	4 935.4	6 225.7	301 922	273 711	28 212

101

行业		重金属			氧化物			COD			石油			氨氮			废水/万 t		
		产生量	去除量	排放量	产生量	去除量	排放量	产生量	去除量	排放量	产生量	去除量	排放量	产生量	去除量	排放量	排放量	达标量	排放未达标量
第二产业	燃气生产	—	—	0.005	84.839	65.471	19.368	73 551	53 052	20 499	266.0	151.8	114.2	8 812.3	1 299.9	7 512.4	4 928	3 822	1 106
	小计	—	—	1 002	21 303	17 564	3 739	19 078 300	11 234 590	7 843 711	351 229	271 879	79 350	1 127 513	502 296	625 217	2 431 118	1 915 164	515 954
	比例/%	—	—	100.0	100.0	100.0	100.0	46.8	59.6	35.7	100.0	100.0	100.0	31.9	45.1	25.8	37.3	68.4	13.9
城市生活	小计	—	—	—	—	—	—	—	11 988 370	3 393 984	8 594 386	—	—	—	1 168 303	195 558	972 745	2 813 968	878 189
	比例/%	—	—	—	—	—	—	—	29.4	18.0	39.2	—	—	—	33.0	17.6	40.1	43.2	31.4
合计		—	—	—	21 303	17 564	3 739	40 804 090	18 853 793	21 950 297	351 229	271 879	79 350	3 538 012	1 112 694	2 425 318	6 512 672	2 799 857	3 712 815

注：①水污染物包括 COD、NH$_3$-N、氧化物、石油类、重金属类和重金属五类，重金属局包括汞、六价铬、镉、铅和砷；

②由于缺乏统计数据支持，重金属产生量和去除量不核算；

③简化认为种植业和农村生活生活污染物产生量与排放量相同，废水排放量与排放达标量相等。

附表 2　按地区分的水污染实物量核算表（2005 年）

地区	重金属 产生量	重金属 去除量	重金属 排放量	氰化物 产生量	氰化物 去除量	氰化物 排放量	COD 产生量	COD 去除量	COD 排放量	石油 产生量	石油 去除量	石油 排放量	氨氮 产生量	氨氮 去除量	氨氮 排放量	废水/万 t 排放量	废水/万 t 达标量	废水/万 t 未达标量
北京	—	—	0.10	55.26	52.00	3.26	608 750	457 507	151 243	2 714	2 321	393	57 497	40 126	17 371	101 961	75 617	26 344
天津	—	—	0.61	47.24	14.00	33.24	559 289	364 265	195 023	3 911	2 308	1 603	47 709	23 673	24 036	63 174	44 885	18 289
河北	—	—	6.22	685.59	580.00	105.59	2 163 477	1 021 314	1 142 164	21 247	15 380	5 867	169 920	52 650	117 270	215 952	132 876	83 077
辽宁	—	—	9.38	702.94	379.00	323.94	1 733 552	725 057	1 008 496	13 744	9 106	4 638	196 123	67 758	128 365	250 150	131 168	118 982
上海	—	—	2.34	417.01	359.00	58.01	878 483	503 105	375 378	12 747	9 648	3 099	57 201	16 873	40 329	210 006	83 669	126 337
江苏	—	—	36.79	577.86	338.00	239.86	2 868 116	1 463 177	1 404 939	57 279	49 918	7 361	245 558	106 473	139 085	653 585	345 230	308 356
东部 浙江	—	—	21.47	1 071.71	884.00	187.71	2 629 027	1 759 132	869 894	13 309	10 371	2 938	183 488	89 574	93 914	375 038	221 059	153 980
福建	—	—	8.26	461.40	333.00	128.40	1 274 202	677 987	596 215	3 251	2 580	671	100 928	24 269	76 659	273 137	135 179	137 958
山东	—	—	4.45	753.62	693.00	60.62	3 916 400	2 716 141	1 200 259	31 804	28 852	2 952	258 750	125 148	133 602	325 402	183 643	141 759
广东	—	—	38.32	570.55	478.00	92.55	2 623 181	1 126 477	1 496 703	9 693	8 254	1 439	217 585	68 418	149 167	787 157	332 133	455 024
海南	—	—	0.05	0.00	0.00	0.00	232 345	98 916	133 429	17.6	1.0	17	14 396	2 125	12 271	56 027	6 048.7	49 978.6
小计	—	—	128	5 343	4 110	1 233	19 486 823	10 913 080	8 573 743	169 718	138 739	30 979	1 549 156	617 087	932 069	3 311 590	1 691 508	1 620 082
占全国比例/%	—	—	12.8	25.1	23.4	33.0	47.8	57.9	39.1	48.3	51.0	39.0	43.8	55.5	38.4	50.8	60.4	43.6
山西	—	—	2.24	875.22	593.00	282.22	746 921	234 390	512 531	5 629	2 309	3 320	65 545	12 456	53 089	96 664	37 587	59 077
吉林	—	—	3.41	180.36	123.00	57.36	1 512 978	662 524	850 455	4 110	1 535	2 575	127 440	44 146	83 294	118 574	34 683	83 891
黑龙江	—	—	1.39	188.56	38.00	150.56	1 260 741	489 133	771 609	25 577	20 721	4 856	114 149	25 453	88 696	142 331	45 930	96 401
中部 安徽	—	—	9.46	4 850.90	4 686.00	164.90	1 651 737	808 624	843 114	23 205	19 932	3 273	163 535	49 630	113 905	210 797	79 132	131 665
江西	—	—	37.87	465.26	316.00	149.26	883 304	135 140	748 163	6 020	4 912	1 108	91 618	17 504	74 113	226 396	55 985	170 410
河南	—	—	10.76	1 592.65	1 300.00	292.65	2 734 213	1 556 177	1 178 036	24 228	21 127	3 101	237 120	75 547	161 572	290 613	140 626	149 987
湖北	—	—	16.60	494.27	214.00	280.27	1 353 013	362 889	990 124	18 409	11 844	6 565	155 938	22 129	133 809	310 177	89 237	220 940

地区	重金属 产生量	重金属 去除量	重金属 排放量	氧化物 产生量	氧化物 去除量	氧化物 排放量	COD 产生量	COD 去除量	COD 排放量	石油 产生量	石油 去除量	石油 排放量	氨氮 产生量	氨氮 去除量	氨氮 排放量	废水/万t 排放量	废水/万t 排放达标量	废水/万t 排放未达标量
湖南	—	—	224.10	1 051.28	655.00	396.28	1 967 335	517 694	1 449 641	6 915	3 145	3 770	209 564	33 803	175 760	390 234	116 544	273 690
小计	—	—	306	9 699	7 925	1 774	12 110 243	4 766 570	7 343 673	114 093	85 525	28 568	1 164 908	280 669	884 239	1 785 785	599 724	1 186 061
占全国比例/%	—	—	30.5	45.5	45.1	47.4	29.7	25.3	33.5	32.5	31.5	36.0	32.9	25.2	36.5	27.4	21.4	31.9
内蒙古	—	—	23.68	1 515.29	1 353.00	162.29	991 289	537 327	453 962	2 223	1 193	1 030	104 353	35 663	68 689	61 402	27 182	34 220
广西	—	—	48.93	573.17	420.00	153.17	2 282 893	687 588	1 595 305	3 405	1 047	2 358	150 627	14 978	135 649	399 786	111 896	287 890
重庆	—	—	6.46	60.68	32.00	28.68	541 407	121 546	419 861	2 915	1 083	1 832	57 204	10 685	46 519	155 394	81 081	74 313
四川	—	—	22.91	310.67	194.00	116.67	1 836 630	621 968	1 214 662	5 404	3 156	2 248	166 634	47 379	119 254	318 637	126 897	191 740
贵州	—	—	4.60	753.90	662.00	91.90	397 466	31 510	365 957	941	512	429	42 212	3 014	39 197	76 457	12 464	63 993
云南	—	—	46.08	102.66	44.00	58.66	813 146	326 506	486 640	18 572	18 064	508	79 360	34 143	45 217	120 203	40 927	79 276
西藏	—	—	23.41	0.00	0.00	0.00	23 210	834	22 376	0	0	0	2 484	84	2 400	7 227	0	7 226
陕西	—	—	8.40	2 841.63	2 811.00	30.63	708 117	231 321	476 797	11 518	3 033	8 485	55 138	16 366	38 773	90 377	42 050	48 327
甘肃	—	—	353.72	42.71	1.00	41.71	384 566	117 775	266 791	4 150	2 618	1 532	61 882	13 656	48 226	47 181	15 385	31 797
青海	—	—	25.16	0.00	0.00	0.00	112 882	17 745	95 137	290	230	60	9 235	951	8 284	21 031	5 369	15 662
宁夏	—	—	1.53	12.73	1.00	11.73	350 554	146 378	204 176	3 281	3 038	243	35 889	14 457	21 432	38 511	19 073	19 438
新疆	—	—	3.13	48.15	11.00	37.15	764 864	333 646	431 218	14 719	13 641	1 078	58 930	23 562	35 368	79 090	26 300	52 791
小计	—	—	568	6 262	5 529	733	9 207 024	3 174 144	6 032 881	67 418	47 615	19 803	823 948	214 939	609 009	1 415 296	508 624	906 672
占全国比例/%	—	—	56.7	29.4	31.5	19.6	22.6	16.8	27.5	19.2	17.5	25.0	23.3	19.3	25.1	21.7	18.2	24.4
合计	—	—	1 002	21 303	17 564	3 739	40 804 090	18 853 793	21 950 297	351 229	271 879	79 350	3 538 012	1 112 694	2 425 318	6 512 672	2 799 857	3 712 815

（左侧分组：中部 — 湖南；西部 — 内蒙古、广西、重庆、四川、贵州、云南、西藏、陕西、甘肃、青海、宁夏、新疆）

注：①水污染物包括 COD、NH_3-N、氧化物、石油类、重金属五类。重金属包括汞、镉、六价铬、铅和砷。
②由于缺乏统计数据支持，重金属产生量和去除量不核算。

附表 3　按部门分的大气污染实物量核算表（2005 年）

单位：万 t

	行业	SO₂			烟尘			工业粉尘			NOₓ		
		产生量	去除量	排放量	产生量	去除量	排放量	产生量	去除量	排放量	产生量	去除量	排放量
第一产业	种植业	45.3	0.0	45.3	39.3	0.0	39.3	—	—	—	19.5	—	19.5
	畜牧业	—	—	—	—	—	—	—	—	—	—	—	—
	农村生活	101.8	0.0	101.8	88.4	0.0	88.4	—	—	—	10.3	0.0	10.3
	小计	147.0	0.0	147.0	127.7	0.0	127.7	—	—	—	29.8	0.0	29.8
	比例/%	3.8	0.0	5.7	0.6	0.0	10.8	—	—	—	1.5	0.0	1.5
第二产业	煤炭	37.9	5.7	32.2	159.6	142.9	16.7	34.3	9.7	24.6	20.1	0.0	20.1
	石油	17.1	11.6	5.5	12.6	10.0	2.6	0.2	0.1	0.1	13.8	0.0	13.8
	黑色矿	6.2	1.9	4.3	21.0	19.3	1.7	35.6	31.7	3.9	1.5	0.0	1.5
	有色矿	13.0	6.3	6.7	25.2	22.5	2.7	33.9	31.0	2.8	0.9	0.0	0.9
	非金矿	17.9	10.9	6.9	38.4	31.0	7.4	31.0	22.1	8.8	3.8	0.0	3.8
	其他矿	0.2	0.0	0.2	0.2	0.1	0.1	0.3	0.2	0.1	0.0	0.0	0.0
	食品加工	23.3	6.4	16.9	119.0	98.0	21.0	6.7	4.7	2.1	9.2	0.0	9.2
	食品制造	13.5	3.5	10.0	47.5	42.0	5.5	1.8	1.2	0.6	6.0	0.0	6.0
	饮料制造	13.8	3.1	10.7	47.3	38.4	9.0	0.8	0.6	0.2	5.3	0.0	5.3
	烟草制品	2.5	1.2	1.3	7.1	6.5	0.7	1.8	1.7	0.2	0.9	0.0	0.9
	纺织业	38.3	8.7	29.6	134.1	121.3	12.8	1.3	1.0	0.3	15.5	0.0	15.5
	服装鞋帽	3.2	0.6	2.6	7.6	6.3	1.3	6.4	5.1	1.3	1.9	0.0	1.9
	皮革	2.7	0.6	2.1	8.8	7.6	1.1	0.1	0.0	0.0	0.9	0.0	0.9
	木材加工	6.3	0.7	5.6	26.7	20.8	5.9	12.1	10.5	1.6	2.6	0.0	2.6
	家具制造	0.9	0.5	0.4	7.1	6.8	0.2	5.8	5.6	0.2	0.2	0.0	0.2
	造纸	59.6	16.4	43.1	247.6	223.5	24.1	2.6	1.0	1.6	22.5	0.0	22.5

行业	SO₂ 产生量	SO₂ 去除量	SO₂ 排放量	烟尘 产生量	烟尘 去除量	烟尘 排放量	工业粉尘 产生量	工业粉尘 去除量	工业粉尘 排放量	NOₓ 产生量	NOₓ 去除量	NOₓ 排放量
印刷业	0.6	0.1	0.5	0.9	0.7	0.3	0.0	0.0	0.0	0.5	0.0	0.5
文教用品	0.4	0.1	0.3	2.8	2.6	0.2	15.4	15.1	0.4	0.4	0.0	0.4
石化	172.2	89.5	82.7	251.1	211.2	39.9	61.8	28.9	32.9	6.9	0.0	6.9
化工	229.2	111.5	117.7	690.1	636.6	53.6	100.6	81.9	18.8	78.9	0.0	78.9
医药	9.4	2.5	7.0	37.2	32.8	4.4	0.3	0.2	0.1	4.1	0.0	4.1
化纤	17.4	5.9	11.5	123.3	118.7	4.6	1.9	1.8	0.1	6.3	0.0	6.3
橡胶	7.5	2.3	5.2	27.1	24.8	2.3	0.3	0.3	0.0	3.0	0.0	3.0
塑料	3.6	0.3	3.3	3.9	2.4	1.5	0.6	0.6	0.0	2.3	0.0	2.3
非金属制造	248.7	49.9	198.8	650.0	512.2	137.8	4 621.5	3 985.6	635.9	50.7	0.0	50.7
黑色冶金	186.9	43.6	143.3	1 066.7	997.4	69.3	1 921.2	1 787.5	133.7	215.7	0.0	215.7
有色冶金	515.2	436.1	79.1	305.9	286.7	19.2	401.4	380.7	20.8	14.8	0.0	14.8
金属制品	4.4	0.6	3.9	8.8	6.4	2.4	4.1	3.1	1.0	3.5	0.0	3.5
普通机械	7.0	1.4	5.6	37.2	33.4	3.8	12.7	10.3	2.3	6.0	0.0	6.0
专用设备	6.5	2.3	4.2	13.1	10.5	2.5	6.4	4.7	1.7	3.6	0.0	3.6
交通设备	9.6	1.6	8.0	44.9	39.9	5.0	17.2	14.1	3.2	7.5	0.0	7.5
电气机械	3.7	0.9	2.8	6.6	5.0	1.5	0.4	0.1	0.3	2.1	0.0	2.1
通信业	2.7	0.7	1.9	6.9	6.1	0.8	6.1	5.8	0.4	1.9	0.0	1.9
仪器制造	1.5	0.2	1.3	1.7	1.3	0.4	0.4	0.4	0.0	0.3	0.0	0.3
工艺品	2.6	0.1	2.5	2.4	0.9	1.5	0.7	0.5	0.2	1.4	0.0	1.4
废旧加工	0.1	0.0	0.1	0.1	0.1	0.0	0.0	0.0	0.0	0.1	0.0	0.1
电力生产（第二产业）	1 700.5	261.7	1 438.8	17 316.4	16 833.2	483.2	14.7	3.9	10.8	938.4	29.1	909.3

行业		SO₂ 产生量	SO₂ 去除量	SO₂ 排放量	烟尘 产生量	烟尘 去除量	烟尘 排放量	工业粉尘 产生量	工业粉尘 去除量	工业粉尘 排放量	NOₓ 产生量	NOₓ 去除量	NOₓ 排放量
第二产业	燃气生产	3.1	0.8	2.4	27.3	25.7	1.7	2.4	2.2	0.1	0.3	0.0	0.3
	自来水业	0.7	0.2	0.5	1.8	1.6	0.2	0.0	0.0	0.0	0.3	0.0	0.3
	建筑业	29.0	17.2	11.8	46.0	35.7	10.3	—	—	—	9.9	0.4	9.5
	小计	3 419.2	1 107.6	2 311.5	21 582.0	20 622.8	959.2	7 365.0	6 453.9	911.2	1 464.0	29.5	1 434.5
	比例/%	89.1	87.3	90.0	97.5	98.4	81.1	100.0	100.0	100.0	73.3	49.9	74.1
城市生活	小计	270.5	160.5	110.0	428.9	333.3	95.6	—	—	—	502.3	29.6	472.7
	比例/%	7.0	12.7	4.3	1.9	1.6	8.1	—	—	—	25.2	50.1	24.4
合计		3 836.6	1 268.1	2 568.5	22 138.6	20 956.1	1 182.5	7 365.0	6 453.9	911.2	1 996.1	59.1	1 937.1

附表 4　按地区分的大气污染实物量核算表（2005 年）

单位：万 t

地区		SO₂			烟尘			工业粉尘			NOₓ		
		产生量	去除量	排放量	产生量	去除量	排放量	产生量	去除量	排放量	产生量	去除量	排放量
东部	北　京	44.0	26.7	17.3	302.1	296.3	5.8	131.8	128.5	3.3	31.2	1.3	29.9
	天　津	47.6	20.2	27.4	301.5	292.4	9.1	28.0	26.1	1.9	33.2	1.1	32.1
	河　北	233.5	82.5	150.9	2 060.2	1 987.0	73.2	705.8	634.5	71.3	147.5	3.7	143.8
	辽　宁	220.8	102.8	118.0	1 266.3	1 191.8	74.6	478.2	432.9	45.3	103.8	3.1	100.7
	上　海	60.8	11.0	49.9	591.7	580.1	11.5	151.6	150.5	1.1	50.7	1.6	49.2
	江　苏	218.7	74.5	144.2	1 818.7	1 773.5	45.2	424.2	388.7	35.5	137.4	4.0	133.4
	浙　江	154.9	64.2	90.8	640.0	618.9	21.2	402.0	378.8	23.1	90.3	2.8	87.5
	福　建	60.5	12.5	48.1	353.6	340.6	13.1	214.9	195.6	19.3	44.7	1.3	43.3
	山　东	296.1	93.1	203.0	1 890.9	1 829.0	61.9	619.4	582.1	37.3	199.8	5.7	194.1
	广　东	164.3	27.1	137.2	757.5	729.6	27.9	274.7	242.6	32.1	135.6	4.8	130.8
	海　南	3.6	1.3	2.3	52.2	51.1	1.1	12.1	11.0	1.1	5.6	0.1	5.5
	小计	1 504.8	515.7	989.1	10 034.6	9 690.1	344.5	3 442.6	3 171.4	271.2	979.8	29.5	950.3
	占全国比例/%	39.2	40.7	38.5	45.3	46.2	29.1	46.7	49.1	29.8	49.1	49.9	49.1
中部	山　西	197.1	48.0	149.0	1 363.7	1 251.5	112.2	305.0	235.5	69.5	100.1	2.2	97.9
	吉　林	53.3	15.3	38.0	726.7	685.3	41.4	200.8	187.1	13.7	48.6	1.1	47.5
	黑龙江	74.0	22.7	51.3	738.8	684.0	54.8	71.6	59.2	12.4	56.6	1.4	55.1
	安　徽	141.1	82.7	58.4	593.8	564.0	29.8	246.5	200.2	46.2	58.2	1.6	56.6
	江　西	135.5	72.7	62.8	547.5	522.9	24.6	305.3	270.3	35.0	37.8	0.9	36.9
	河　南	205.7	38.5	167.2	1 950.6	1 857.8	92.8	608.7	538.2	70.4	117.6	2.9	114.7
	湖　北	127.1	54.7	72.5	729.9	696.9	33.0	411.9	378.1	33.8	67.9	2.2	65.7

地区		SO₂ 产生量	SO₂ 去除量	SO₂ 排放量	烟尘 产生量	烟尘 去除量	烟尘 排放量	工业粉尘 产生量	工业粉尘 去除量	工业粉尘 排放量	NOₓ 产生量	NOₓ 去除量	NOₓ 排放量
中部	湖　南	146.1	54.9	91.2	646.1	592.2	53.9	354.4	277.5	76.9	64.7	1.8	146.1
	小计	1 080.0	389.6	690.4	7 296.9	6 854.5	442.5	2 504.2	2 146.2	358.0	551.4	14.2	1 080.0
	占全国比例/%	28.1	30.7	26.9	33.0	32.7	37.4	34.0	33.3	39.3	27.6	24.0	28.1
西部	内蒙古	175.6	27.0	148.6	1 185.7	1 107.8	77.8	168.7	123.1	45.6	93.6	2.4	175.6
	广　西	147.4	40.9	106.6	499.2	444.2	55.0	288.8	233.2	55.6	41.0	1.2	147.4
	重　庆	126.3	42.7	83.6	233.4	211.8	21.6	58.8	37.6	21.3	31.5	1.1	126.3
	四　川	162.1	30.5	131.6	547.8	468.7	79.1	220.7	182.3	38.4	58.9	2.4	162.1
	贵　州	137.7	18.2	119.5	528.4	492.1	36.4	137.4	118.3	19.1	50.6	1.1	137.7
	云　南	145.0	93.2	51.8	404.6	381.9	22.7	178.9	163.3	15.5	53.3	1.6	145.0
	西　藏	0.1	0.0	0.1	0.2	0.0	0.2	0.2	0.0	0.2	0.4	0.1	0.1
	陕　西	108.7	15.2	93.5	419.5	380.0	39.4	118.2	84.1	34.0	45.2	1.4	108.7
	甘　肃	129.2	72.1	57.0	385.6	369.4	16.2	91.7	75.1	16.6	29.1	0.8	129.2
	青　海	13.0	0.2	12.7	79.5	71.7	7.7	39.0	29.7	9.3	5.4	0.2	13.0
	宁　夏	42.9	7.8	35.1	330.8	318.5	12.3	40.4	31.4	9.0	21.6	0.6	42.9
	新　疆	63.8	14.9	48.8	192.5	165.4	27.1	75.5	58.1	17.3	34.2	2.5	63.8
	小计	1 251.8	362.8	889.0	4 807.0	4 411.6	395.5	1 418.2	1 136.2	282.0	464.9	15.4	1 251.8
	占全国比例/%	32.6	28.6	34.6	21.7	21.1	33.4	19.3	17.6	30.9	23.3	26.1	32.6
	合计	3 836.6	1 268.1	2 568.5	22 138.6	20 956.1	1 182.5	7 365.0	6 453.9	911.2	1 996.1	59.1	1 937.1

附表 5　按部门分的工业固体废物污染实物量核算表（2005 年）

单位：万 t

行业		产生量		综合利用量		处置量		储存量		排放量	
		工业固体废物	危险废物	工业固体废物	危险废物	工业固体废物	危险废物	工业固体废物	危险废物	工业固体废物	危险废物
	煤炭	19 809.1	0.08	12 183	0.00	5 577	0.08	2 509	0.00	476	0.00
	石油	141.1	19.49	89	4.39	48	13.51	4	1.70	1	0.00
	黑色矿	13 816.5	0.00	2 050	0.00	6 133	0.00	5 534	0.00	243	0.00
	有色矿	17 460.9	226.49	4 479	16.32	7 383	38.06	5 513	169.32	150	0.00
	非金矿	1 238.7	77.86	860	0.00	165	0.00	202	76.34	24	0.00
	其他矿	63.0	0.00	26	0.00	29	0.00	9	0.00	0	0.00
	食品加工	1 429.7	0.02	1 298	0.00	56	0.02	15	0.00	48	0.00
	食品制造	467.9	0.36	369	0.30	16	0.05	73	0.01	3	0.00
	饮料制造	732.8	0.01	696	0.00	19	0.08	2	0.00	6	0.00
	烟草制品	118.3	0.00	50	0.00	56	0.00	2	0.00	12	0.00
第二产业	纺织业	731.7	15.52	662	0.66	42	14.98	2	0.04	18	0.00
	服装鞋帽	31.5	0.95	30	0.03	1	0.93	0	0.00	1	0.00
	皮革	89.0	3.36	75	0.42	13	2.55	0	0.41	0	0.00
	木材加工	168.3	0.14	160	0.01	4	0.16	2	0.00	1	0.00
	家具制造	44.5	0.29	33	0.22	12	0.06	0	0.00	0	0.00
	造纸	1 342.9	6.42	1 185	4.99	124	3.18	41	0.11	9	0.00
	印刷业	8.7	0.46	7	0.00	1	0.46	0	0.00	0	0.00
	文教用品	8.7	0.28	10	0.03	0	0.25	0	0.00	0	0.00
	石化	1 916.1	76.29	1 611	60.85	130	15.30	96	2.18	57	0.00
	化工	9 542.5	452.38	6 682	212.38	1 472	194.14	1 518	50.25	75	0.03

行业	产生量		综合利用量		处置量		储存量		排放量	
	工业固体废物	危险废物	工业固体废物	危险废物	工业固体废物	危险废物	工业固体废物	危险废物	工业固体废物	危险废物
医药	241.0	21.39	223	17.19	10	1.92	2	2.96	3	0.00
化纤	340.9	28.28	313	23.64	21	4.86	9	0.00	1	0.00
橡胶	102.0	0.31	98	0.07	2	0.25	0	0.00	0	0.00
塑料	43.4	0.37	43	0.09	2	0.28	0	0.00	0	0.00
非金属制造	3 509.8	2.89	2 869	0.40	77	2.56	481	0.03	181	0.00
黑色冶金	25 481.4	32.45	18 716	24.27	4 099	5.77	2 433	2.60	160	0.00
有色冶金	5 110.0	71.74	2 160	30.51	1 426	13.17	1 513	29.77	43	0.00
金属制品	120.5	10.07	312	3.23	6	5.66	2	1.23	2	0.01
普通机械	510.2	7.94	451	5.80	34	1.71	6	0.00	12	0.50
专用设备	178.0	2.45	142	0.79	21	1.73	3	0.11	12	0.06
交通设备	356.1	7.91	292	2.46	122	6.89	10	0.08	4	0.00
电气机械	41.3	3.60	35	2.07	3	1.50	2	0.05	1	0.00
通信业	86.8	18.43	80	13.17	5	5.41	0	0.05	0	0.00
仪器制造	55.4	4.11	48	2.37	7	1.85	0	0.01	0	0.00
工艺品	9.8	0.35	9	0.19	0	0.13	0	0.02	0	0.00
废旧加工	6.5	0.09	10	0.02	0	0.08	0	0.00	0	0.00
电力生产	27 760.1	68.97	19 972	67.99	3 380	1.30	5 503	0.01	53	0.00
燃气生产	129.2	0.15	92	0.12	10	0.03	26	0.00	0	0.00
自来水业	23.9	0.13	14	0.03	11	0.10	0	0.00	0	0.00
合计	133 268	1 162.00	78 432	495.00	30 517	338.99	25 511	337.28	1 597.5	0.60

（第二产业）

附表6 按地区分的工业固体废物污染实物量核算表（2005年）

单位：万t

地区	产生量		综合利用量		处置量		储存量		排放量	
	工业固体废物	危险废物	工业固体废物	危险废物	工业固体废物	危险废物	工业固体废物	危险废物	工业固体废物	危险废物
北京	1 227	11.00	963	6.00	385	4.41	170	0.01	9	0.00
天津	1 108	15.00	1 139	14.00	19	1.37	0	0.00	0	0.00
河北	16 261	18.00	8 362	12.00	5 044	6.74	3 072	0.02	42	0.00
辽宁	10 189	53.00	4 251	17.00	3 526	25.34	2 419	10.44	9	0.00
上海	1 915	49.00	1 853	39.00	55	9.64	8	0.01	0	0.00
江苏	5 673	84.00	5 931	56.00	102	26.91	194	2.54	0	0.00
浙江	2 492	22.00	2 321	15.00	154	4.37	23	2.34	6	0.00
福建	3 766	7.00	2 646	4.00	1 095	2.04	0	1.05	6	0.00
山东	9 081	94.00	8 630	53.00	319	2.82	560	38.53	0	0.00
广东	2 754	130.00	2 429	89.00	346	40.54	377	0.10	14	0.01
海南	125	1.00	87	0.00	1	0.00	38	1.14	0	0.01
小计	54 591	484.00	38 612	305.00	11 046	124.18	6 861	56.18	87	0.01
占全国比例/%	41.0	41.65	49.2	61.62	36.2	36.63	26.9	16.66	5.4	1.88
山西	11 179	4.00	5 000	3.00	4 899	1.46	784	1.20	605	0.00
吉林	2 450	7.00	1 284	6.00	32	1.40	1 132	0.00	2	0.00
黑龙江	3 189	20.00	2 392	9.00	520	10.29	313	0.11	0	0.00
安徽	4 192	4.00	3 355	2.00	517	2.22	360	0.03	0	0.00
江西	7 004	3.00	1 896	3.00	4 591	0.06	573	0.01	10	0.00
河南	6 163	15.00	4 230	14.00	1 285	1.53	857	0.08	4	0.00
湖北	3 676	16.00	2 732	16.00	110	0.41	874	0.01	17	0.00

东部

中部

地区		产生量		综合利用量		处置量		储存量		排放量	
		工业固体废物	危险废物	工业固体废物	危险废物	工业固体废物	危险废物	工业固体废物	危险废物	工业固体废物	危险废物
中部	湖　南	3 331	35.00	2 365	20.00	0	10.83	557	3.55	0	0.09
	小计	41 184	104.00	23 254	73.00	11 953	28.20	5 450	4.99	637	0.09
	占全国比例/%	30.9	8.95	29.6	14.75	39.2	8.32	21.4	1.48	39.9	15.15
西部	内蒙古	7 322	38.00	3 042	10.00	653	7.92	3 673	20.35	62	0.00
	广　西	3 425	64.00	2 144	21.00	95	14.07	1 090	28.99	110	0.00
	重　庆	1 763	13.00	1 319	10.00	120	2.31	209	0.06	184	0.49
	四　川	6 399	21.00	3 832	18.00	1 157	1.77	1 322	3.50	116	0.00
	贵　州	4 611	243.00	1 627	31.00	1 786	151.32	1 363	60.59	131	0.00
	云　南	4 630	30.00	1 642	4.00	1 635	2.72	1 322	26.35	71	0.00
	西　藏	8	0.00	0	0.00	0	0.00	1	0.00	7	0.00
	陕　西	4 584	4.00	1 102	1.00	1 286	0.29	2 186	2.67	35	0.00
	甘　肃	2 220	29.00	662	16.00	480	1.21	1 093	11.77	41	0.00
	青　海	572	77.00	142	0.00	1	0.00	438	76.64	3	0.00
	宁　夏	719	0.00	387	0.00	237	1.25	90	0.00	4	0.00
	新　疆	1 240	55.00	667	6.00	69	3.75	413	45.19	109	0.00
	小计	37 494	574.00	16 566	117.00	7 518	186.61	13 200	276.11	874	0.50
	占全国比例/%	28.1	49.40	21.1	23.64	24.6	55.05	51.7	81.86	54.7	82.97
合计		133 268	1 162.00	78 432	495.00	30 517	338.99	25 511	337.28	1 597.5	0.60

附表 7　按地区分的生活垃圾污染实物量核算表（2005 年）

单位：万 t

地区		产生量	无害化处理量				简易处理量	堆放量	
			卫生填埋量	堆肥量	无害化焚烧量	小计		有序堆放	无序堆放
东部	北京	539.0	407.1	21.7	7.4	436.2	0.0	18.4	84.4
	天津	257.2	87.3	0.0	29.3	116.6	28.4	0.0	112.2
	河北	941.7	233.1	49.5	28.8	311.3	219.4	149.3	261.6
	辽宁	813.7	326.9	42.8	14.6	384.3	279.7	104.0	45.7
	上海	693.8	69.7	50.2	102.4	222.4	399.8	0.1	71.5
	江苏	1 024.4	649.4	0.0	42.7	692.1	116.7	26.1	189.6
	浙江	800.7	431.7	0.0	197.6	629.3	88.3	44.9	38.2
	福建	426.9	215.0	15.1	28.9	259.0	37.0	7.0	123.9
	山东	1 290.0	572.0	20.7	12.8	605.5	379.4	61.6	243.5
	广东	2 034.1	662.4	0.0	174.9	837.2	0.0	885.4	311.5
	海南	81.8	51.7	3.7	0.7	56.1	25.0	0.1	0.6
	小计	8 903.3	3 706.1	203.6	640.2	4 549.9	1 573.7	1 297.0	1 482.7
	占全国比例/%	48.2	54.0	58.9	80.9	56.9	35.4	41.3	51.3
中部	山西	619.7	81.3	0.0	0.0	81.3	213.2	325.2	0.0
	吉林	580.4	216.9	0.0	16.3	233.2	160.0	187.2	0.0
	黑龙江	1 125.8	339.9	1.0	4.0	344.9	400.9	380.0	0.0
	安徽	673.2	73.7	0.0	10.2	83.9	313.2	79.5	196.6
	江西	436.2	129.2	0.0	0.0	129.2	123.7	11.5	171.8
	河南	891.0	344.1	44.9	49.0	438.0	231.1	87.6	134.3

地区		产生量	无害化处理量				简易处理量	堆放量	
			卫生填埋量	堆肥量	无害化焚烧量	小计		有序堆放	无序堆放
中部	湖　北	885.2	520.0	20.4	0.0	540.4	193.5	151.3	0.0
	湖　南	682.7	192.9	0.0	0.0	192.9	269.0	24.1	196.7
	小计	5 894.3	1 898.0	66.3	79.5	2 043.7	1 904.7	1 246.4	699.5
	占全国比例/%	31.9	27.7	19.2	10.0	25.6	42.9	39.7	24.2
西部	内蒙古	452.2	122.6	17.7	0.1	140.4	79.0	109.6	123.2
	广　西	342.7	104.0	10.1	11.3	125.4	59.4	19.9	138.0
	重　庆	299.9	103.9	0.0	26.2	130.2	106.9	0.5	62.3
	四　川	642.7	245.6	31.7	30.4	307.8	98.3	194.7	42.0
	贵　州	255.8	92.5	9.1	0.5	102.1	61.2	13.2	79.3
	云　南	334.8	159.4	6.9	2.9	169.2	26.6	9.9	129.1
	西　藏	44.5	0.0	0.0	0.0	0.0	0.0	44.5	0.0
	陕　西	454.6	147.5	0.0	0.0	147.5	159.6	63.7	83.9
	甘　肃	312.4	51.3	0.0	0.0	51.3	217.1	29.5	14.6
	青　海	85.5	54.4	0.0	0.0	54.4	0.0	0.0	31.1
	宁　夏	101.2	48.5	0.0	0.0	48.5	4.5	43.3	4.8
	新　疆	343.6	123.4	0.0	0.0	123.4	153.4	66.8	0.0
	小计	3 669.9	1 253.0	75.6	71.4	1 400.0	965.9	595.7	708.3
	占全国比例/%	19.9	18.3	21.9	9.0	17.5	21.7	19.0	24.5
合计		18 467.5	6 857.1	345.4	791.0	7 993.6	4 444.3	3 139.1	2 890.5

115

附表 8　按部门分的水污染价值量核算表（2005 年）

单位：万元

行业	污染物										废水	
	重金属		氧化物		COD		石油		氨氮			
	实际	虚拟	实际	虚拟	实际	虚拟	实际	虚拟	实际	虚拟	实际	虚拟
第一产业　种植业	—	—	—	—	361 905.1	953 467.0	—	—	40 211.7	82 409.2	402 117	1 035 876
畜牧业	—	—	—	—	78 235.6	2 355 724.8	—	—	8 692.8	261 747.2	86 928	2 617 472
农村生活	—	—	—	—	—	—	—	—	—	—	—	—
小计	—	—	—	—	440 140.7	3 309 191.8	—	—	48 904.5	344 156.4	489 045.2	3 653 348.2
比例/%	—	—	—	—	18.0	17.0	—	—	9.3	26.9	12.2	17.5
第二产业　煤炭	739.691	0.023	1 976.5	0.065	82 225.5	163 112.8	5 315.4	47.95	2 659.1	138.9	92 916	163 300
石油	304.630	0.001	0.0	0.000	23 601.1	39 206.6	106 124.2	59 201.10	1 826.5	147.8	131 856	98 555
黑色矿	4 520.054	3.957	0.0	0.000	18 715.1	27 953.9	299.0	0.81	24.7	1.2	23 559	27 960
有色矿	16 928.833	178.310	16 005.5	463.810	20 832.4	100 719.7	9.5	0.12	62.7	1.5	53 839	101 363
非金属矿	1 715.623	0.476	0.0	0.000	11 093.1	34 056.5	164.9	0.36	25.4	5.4	12 999	34 063
其他矿	96.849	0.057	0.0	0.000	195.0	145.9	68.9	0.0	—	0.0	361	146
食品加工	34.865	0.002	78.2	0.029	58 740.5	1 778 700.6	537.5	10.63	20 275.0	37 166.4	79 666	1 815 878
食品制造	29.119	0.000	30.2	0.045	56 635.6	745 501.0	464.6	11.61	27 953.1	49 671.9	85 113	795 185
饮料制造	20.422	0.000	3.9	0.000	51 977.1	591 585.3	186.8	1.30	18 975.4	5 569.9	71 164	597 156
烟草制品	2.091	0.000	0.0	0.000	1 018.5	4 776.6	355.4	10.75	809.0	112.0	2 185	4 899
纺织业	548.720	0.018	21 191.9	1.163	157 457.4	740 813.1	1 474.2	8.60	61 651.4	11 724.6	242 324	752 547
服装鞋帽	12.756	0.000	1 385.1	0.077	19 795.5	54 375.6	10.4	0.02	5 822.2	970.2	27 026	55 346

行业		污染物										
		重金属		氧化物		COD		石油		氨氮		废水	
		实际	虚拟	实际	虚拟	实际	虚拟	实际	虚拟	实际	虚拟	实际	虚拟
第二产业	皮革	4 207.173	10.000	42.8	0.000	30 474.0	418 611.5	54.8	0.59	1 576.9	1 377.9	36 356	420 000
	木材加工	0.036	0.000	6.1	0.001	4 779.5	179 488.9	30.1	2.93	209.7	460.0	5 025	179 952
	家具制造	107.302	0.086	811.1	32.101	941.0	1 912.6	256.8	13.49	27.8	14.2	2 144	1 972
	造纸	66.906	0.000	4 192.6	0.032	301 618.2	3 801 739.4	2 020.5	5.99	16 636.3	3 568.7	324 535	3 805 314
	印刷业	6.760	0.001	13.1	0.005	630.2	3 136.7	1 963.6	571.82	12.2	11.9	2 626	3 720
	文教用品	85.612	0.022	632.7	0.277	1 335.4	2 644.2	23.9	0.39	62.5	4.1	2 140	2 649
	石化	1 156.844	0.050	32 336.7	61.668	26 314.6	34 440.7	105 540.0	22 241.28	40 259.6	8 678.9	205 608	65 423
	化工	12 875.289	20.664	101 622.5	1 230.667	162 577.0	1 131 194.4	54 015.3	5 666.53	113 589.5	277 406.6	444 680	1 415 519
	医药	24.123	0.001	694.9	0.571	44 080.2	626 047.9	5 883.7	319.98	20 467.8	14 135.4	71 151	640 504
	化纤	92.034	0.001	1 224.6	0.267	48 873.0	213 968.7	3 100.0	57.75	8 822.3	1 398.8	62 112	215 426
	橡胶	21.799	0.003	0.0	0.000	4 043.6	13 000.2	1 098.0	126.84	1 005.0	244.7	6 169	13 372
	塑料	363.948	0.037	0.0	0.000	4 797.8	6 512.0	136.2	1.02	85.8	4.3	5 384	6 517
	非金属制造	612.207	0.012	3 428.6	1.146	26 454.9	80 806.4	7 262.9	220.96	3 436.5	258.8	41 195	81 287
	黑色冶金	13 392.243	9.109	155 032.2	1 626.348	41 850.1	68 994.5	119 126.3	17 267.31	46 967.9	8 178.8	376 369	96 076
	有色冶金	46 189.286	1 278.988	10 332.9	19.717	3 462.5	6 051.9	3 488.3	126.27	5 782.3	3 445.2	69 255	10 922
	金属制品	28 326.536	47.938	40 629.1	189.374	5 545.0	5 822.3	2 602.1	33.71	283.9	8.6	77 387	6 102
	普通机械	278.566	0.094	2 382.4	1.492	6 078.7	16 229.6	3 816.5	719.42	492.4	69.4	13 049	17 020
	专用设备	406.492	0.064	1 808.3	0.765	10 813.1	14 200.9	3 466.4	294.69	1 071.4	199.7	17 566	14 696

行业		重金属 实际	重金属 虚拟	氧化物 实际	氧化物 虚拟	COD 实际	COD 虚拟	石油 实际	石油 虚拟	氨氮 实际	氨氮 虚拟	废水 实际	废水 虚拟
第二产业	交通设备	1 076.300	0.515	3 179.7	0.683	15 595.6	38 656.8	10 433.6	945.55	2 246.4	270.2	32 532	39 874
	电气机械	5 175.286	0.681	8 935.5	0.686	48 859.3	19 059.9	4 270.3	22.55	3 470.4	40.4	70 711	19 124
	通信业	15 646.650	5.222	6 829.6	2.891	33 926.0	27 044.3	1 881.5	18.91	2 762.8	114.7	61 047	27 186
	仪器制造	1 277.337	0.680	5 657.8	4.362	7 950.2	10 166.3	1 342.8	24.71	3 019.4	214.9	19 248	10 411
	工艺品	774.602	0.174	868.2	1.453	1 000.7	5 443.7	243.8	3.75	39.1	11.8	2 926	5 461
	废旧加工	30.603	0.024	112.9	0.104	235.8	1 666.3	75.4	6.13	1.2	0.2	456	1 673
	电力生产	5 306.433	3.456	1 047.6	3.560	121 301.4	279 377.7	6 865.3	161.71	4 297.5	389.1	138 818	279 936
	燃气生产	1.490	0.000	1 598.0	16.120	1 920.7	17 560.9	723.5	47.02	1 423.2	4 551.6	5 667	22 176
	小计	162 455.5	1 560.7	424 090.9	3 659.5	1 457 745.0	11 304 726.4	454 732.7	108 194.5	418 134.3	430 568.6	2 917 158	11 848 710
	比例/%	100.0	100.0	100.0	100.0	59.8	58.1	100.0	100.0	79.3	33.6	72.8	56.9
城市生活	小计	—	—	—	—	541 073.6	4 832 767.7	—	—	60 119.3	505 671.8	601 192.9	5 338 439
	比例/%	—	—	—	—	22.2	24.9	—	—	11.4	39.5	15.0	25.6
合计		162 456	1 561	424 091	3 659	2 438 959	19 446 686	454 733	108 195	527 158	1 280 397	4 007 397	20 840 497

附表 9　按地区分的水污染价值量核算表（2005 年）

单位：万元

地区		重金属		氯化物		污染物 COD		石油		氨氮		废水	
		实际	虚拟	实际	虚拟	实际	虚拟	实际	虚拟	实际	虚拟	实际	虚拟
东部	北　京	243.28	0.2	9 028.0	3.2	86 505.3	109 709.8	9 698.2	536.1	16 595.6	10 301.0	122 070	120 550
	天　津	456.72	0.9	514.1	32.5	50 328.7	178 494.8	16 334.4	2 185.9	12 150.3	13 957.6	79 784	194 672
	河　北	8 803.88	9.7	18 405.9	103.3	104 637.0	1 149 051.4	20 953.7	8 000.3	24 249.5	68 880.9	177 050	1 226 046
	辽　宁	11 233.09	14.6	18 368.4	317.0	88 156.3	910 398.6	35 386.4	6 323.8	11 483.9	72 316.5	164 628	989 371
	上　海	854.90	3.7	23 325.6	56.8	107 058.6	263 069.5	30 835.4	4 225.1	25 692.8	21 401.2	187 767	288 756
	江　苏	7 324.60	57.3	56 554.7	234.7	264 478.8	1 217 326.1	60 727.6	10 037.3	66 739.8	69 808.6	455 826	1 297 464
	浙　江	2 031.62	33.4	21 277.0	183.7	222 196.3	869 960.5	28 284.6	4 006.6	52 554.9	54 719.6	326 344	928 904
	福　建	2 445.35	12.9	5 802.4	125.7	89 417.2	470 821.9	3 823.6	915.5	18 918.9	39 587.9	120 407	511 464
	山　东	31 463.42	6.9	45 112.6	59.3	219 786.3	1 174 161.1	62 691.2	4 025.1	48 804.2	79 048.1	407 858	1 257 300
	广　东	7 516.22	59.7	37 186.8	90.6	271 794.7	1 224 115.2	37 279.8	1 961.8	52 984.8	75 069.4	406 762	1 301 297
	海　南	10.65	0.1	0.0	0.0	16 126.2	85 739.9	25.0	22.6	1 619.4	5 259.3	17 781	91 022
	小计	72 383.7	199.4	235 575.6	1 206.9	1 520 485.5	7 652 848.8	306 039.9	42 240.1	331 794.1	510 350.1	2 466 279	8 206 845
	占全国比例/%	44.6	12.8	55.5	33.0	62.3	39.4	67.3	39.0	62.9	39.9	61.5	39.4
中部	山　西	14 864.5	3.5	35 447.9	276.2	74 324.4	533 160.5	9 508.4	4 526.6	16 916.3	33 794.7	151 062	571 762
	吉　林	213.7	5.3	2 540.4	56.1	59 124.5	663 398.5	3 637.9	3 511.6	10 417.5	40 684.2	75 934	707 656
	黑龙江	11 135.2	2.2	2 846.9	147.3	72 562.0	575 383.8	43 797.1	6 621.6	12 132.3	41 052.2	142 473	623 207
	安　徽	4 453.4	14.7	21 613.5	161.4	66 603.7	609 524.3	7 127.0	4 462.5	16 597.6	49 588.3	116 395	663 751
	江　西	7 119.0	59.0	15 474.7	146.1	33 374.7	529 087.6	4 480.7	1 510.1	9 316.3	30 453.0	69 765	561 256
	河　南	840.8	16.8	26 369.1	286.4	111 720.6	1 137 329.0	19 851.5	4 227.9	25 850.4	93 411.3	184 632	1 235 271
	湖　北	7 438.7	25.9	10 139.8	274.3	57 238.2	730 553.8	6 396.7	8 951.8	16 684.0	60 532.8	97 897	800 339

地区		重金属 实际	重金属 虚拟	氧化物 实际	氧化物 虚拟	COD 实际	COD 虚拟	石油 实际	石油 虚拟	氨氮 实际	氨氮 虚拟	废水 实际	废水 虚拟
中部	湖南	10 718.3	349.1	8 809.2	387.8	59 878.8	1 147 823.0	3 357.9	5 141.0	13 839.3	84 998.0	96 604	1 238 699
	小计	56 783.6	476.4	123 241.6	1 735.7	534 826.9	5 926 260.6	98 157.1	38 953.0	121 753.8	434 514.6	934 763	6 401 940
	占全国比例/%	35.0	30.5	29.1	47.4	21.9	30.5	21.6	36.0	23.1	33.9	23.3	30.7
西部	内蒙古	1 660.6	36.9	6 368.9	158.8	45 885.3	432 455.8	2 487.9	1 404.1	6 360.0	37 309.1	62 763	471 365
	广 西	4 759.8	76.2	16 436.2	149.9	58 044.6	1 751 008.9	627.7	3 214.7	10 178.7	76 724.6	90 047	1 831 174
	重 庆	2 283.2	10.1	2 287.9	28.1	29 214.0	408 659.2	7 763.5	2 497.9	5 680.1	26 205.1	47 229	437 400
	四 川	3 581.1	35.7	17 261.9	114.2	69 528.0	1 092 455.5	9 525.4	3 064.9	20 226.5	63 495.9	120 123	1 159 166
	贵 州	2 035.6	7.2	5 375.7	89.9	19 476.9	239 481.5	488.8	585.0	3 594.5	18 433.2	30 971	258 597
	云 南	5 829.8	71.8	4 037.7	57.4	38 163.6	410 295.7	9 103.5	693.3	5 687.9	21 398.3	62 823	432 516
	西 藏	788.7	36.5	0.0	0.0	5 715.8	6 089.8	0.0	0.5	1 599.1	1 152.8	8 104	7 280
	陕 西	5 228.7	13.1	7 389.7	30.0	28 184.0	483 878.0	1 270.8	11 569.5	6 713.3	22 120.3	48 786	517 611
	甘 肃	4 611.2	551.0	3 333.1	40.8	20 775.0	246 866.2	7 318.5	2 089.0	3 222.6	31 104.8	39 260	280 652
	青 海	723.2	39.2	0.0	0.0	8 468.8	101 230.0	0.0	81.6	1 021.3	4 882.2	10 213	106 233
	宁 夏	175.4	2.4	94.8	11.5	21 431.5	256 607.7	2 525.8	331.0	3 665.3	13 875.7	27 893	270 828
	新 疆	1 611.1	4.9	2 688.0	36.4	38 759.5	438 548.2	9 423.6	1 470.0	5 661.0	18 830.1	58 143	458 890
	小计	33 288.2	884.8	65 273.8	717.0	383 647.0	5 867 576.6	50 535.6	27 001.4	73 610.2	335 532.0	606 355	6 231 712
	占全国比例/%	20.5	56.7	15.4	19.6	15.7	30.2	11.1	25.0	14.0	26.2	15.1	29.9
合计		162 456	1 561	424 091	3 659	2 438 959	19 446 686	454 733	108 195	527 158	1 280 397	4 007 397	20 840 497

附表 10　按部门分的大气污染价值量核算表（2005 年）

单位：万元

行业		SO₂ 实际	SO₂ 虚拟	烟尘 实际	烟尘 虚拟	工业粉尘 实际	工业粉尘 虚拟	NOₓ 实际	NOₓ 虚拟	总治理成本 实际	总治理成本 虚拟
第一产业	种植业	—	—	—	—	—	—	—	—	—	—
	畜牧业	—	—	—	—	—	—	—	—	—	—
	农村生活	—	—	—	—	—	—	—	—	—	—
	小计	0	0	0	0	—	—	0	0	0	0
	比例/%	0.0	0.0	0.0	0.0	—	—	0.0	0.0	0.0	0.0
第二产业	煤炭	3 220	29 320	13 632	2 536	1 295	6 124	0	60 930	18 147	98 910
	石油	5 274	5 038	954	400	14	34	0	41 823	6 242	47 295
	黑色矿	924	3 931	1 844	254	4 247	978	0	4 620	7 015	9 784
	有色矿	3 052	6 092	2 151	408	4 155	708	0	2 661	9 359	9 869
	非金矿	6 248	6 285	2 955	1 128	2 966	2 201	0	11 401	12 169	21 015
	其他矿	8	213	10	21	22	33	0	63	40	330
	食品加工	3 643	15 366	9 349	3 188	627	513	0	27 976	13 619	47 043
	食品制造	2 026	9 101	4 011	831	165	146	0	18 063	6 202	28 142
	饮料制造	1 798	9 725	3 661	1 361	80	45	0	15 971	5 539	27 101
	烟草制品	629	1 216	616	101	223	42	0	2 630	1 468	3 989
	纺织业	4 986	26 947	11 574	1 944	136	65	0	47 097	16 696	76 052
	服装鞋帽	333	2 377	603	192	685	328	0	5 787	1 621	8 683

行业		SO$_2$		烟尘		工业粉尘		NO$_x$		总治理成本	
		实际	虚拟	实际	虚拟	实际	虚拟	实际	虚拟	实际	虚拟
第二产业	皮革	352	1 932	727	173	6	5	0	2 743	1 084	4 853
	木材加工	376	5 114	1 988	894	1 408	402	0	8 013	3 772	14 423
	家具制造	268	335	652	34	747	60	0	665	1 667	1 093
	造纸	9 439	39 238	21 330	3 651	130	402	0	68 230	30 899	111 521
	印刷业	34	499	64	42	1	0	0	1 427	99	1 968
	文教用品	85	264	253	23	2 019	93	0	1 086	2 357	1 467
	石化	40 278	75 222	20 152	6 046	3 865	8 200	0	21 045	64 295	110 514
	化工	54 630	107 059	60 748	8 121	10 964	4 672	0	239 026	126 342	358 878
	医药	1 396	6 329	3 128	672	20	29	0	12 551	4 544	19 580
	化纤	3 272	10 484	11 329	693	247	25	0	19 032	14 849	30 234
	橡胶	1 302	4 716	2 371	347	35	7	0	9 144	3 708	14 214
	塑料	153	3 030	228	230	77	4	0	7 052	458	10 317
	非金属制造	24 147	180 811	48 876	20 890	150 847	44 762	0	153 512	223 871	399 976
	黑色冶金	21 779	130 365	95 179	10 503	239 392	33 301	0	653 470	356 350	827 639
	有色冶金	195 184	71 991	27 355	2 914	50 982	5 171	0	44 739	273 521	124 814
	金属制品	323	3 531	609	362	413	259	0	10 632	1 345	14 783
	普通机械	803	5 075	3 184	578	1 382	583	0	18 240	5 369	24 475
	专用设备	1 327	3 786	1 007	386	635	423	0	11 014	2 968	15 609
	交通设备	888	7 309	3 810	757	1 883	789	0	22 597	6 581	31 452

行业		SO₂ 实际	SO₂ 虚拟	烟尘 实际	烟尘 虚拟	工业粉尘 实际	工业粉尘 虚拟	NOₓ 实际	NOₓ 虚拟	总治理成本 实际	总治理成本 虚拟
	电气机械	492	2 547	480	233	19	65	0	6 390	991	9 236
	通信业	424	1 765	584	118	774	89	0	5 655	1 782	7 627
	仪器制造	116	1 181	123	66	55	6	0	995	294	2 247
	工艺品	59	2 271	82	231	67	54	0	4 254	208	6 810
	废旧加工	21	83	7	5	0	0	0	261	28	349
第二产业	电力生产	235 727	2 103 617	1 147 405	52 326	517	2 688	58 210	2 755 194	1 441 859	4 913 826
	燃气生产	401	2 149	2 448	250	298	36	0	842	3 147	3 277
	自来水	107	478	153	33	0	0	0	908	260	1 420
	建筑业	111 760	110 544	232 164	96 049	—	—	391	43 503	344 315	250 096
	小计	737 282	2 997 336	1 737 796	218 992	481 400	113 342	58 601	4 361 243	3 015 079	7 690 912
	比例/%	41.4	74.4	44.5	19.6	100.0	100.0	2.7	40.2	36.1	47.7
城市生活	小计	1 042 235	1 030 898	2 165 094	895 726	—	—	2 128 016	6 491 773	5 335 346	8 418 398
	比例/%	58.6	25.6	55.5	80.4	—	—	97.3	59.8	63.9	52.3
合计		1 779 518	4 028 234	3 902 890	1 114 718	481 400	113 342	2 186 617	10 853 016	8 350 425	16 109 309

123

单位：万元

附表 11　按地区分的大气污染价值量核算表（2005 年）

地区		SO₂		烟尘		工业粉尘		NOₓ		总治理成本	
		实际	虚拟	实际	虚拟	实际	虚拟	实际	虚拟	实际	虚拟
东部	北 京	119 754	33 724	281 059	11 498	16 981	404	114 684	250 405	532 478	296 031
	天 津	70 403	39 097	166 365	6 055	6 323	241	33 809	163 392	276 900	208 785
	河 北	111 129	303 306	284 941	138 621	45 822	8 869	208 516	744 501	650 409	1 195 298
	辽 宁	192 572	163 795	437 994	50 113	35 412	5 630	75 809	496 184	741 788	715 721
	上 海	65 771	50 396	180 710	642	21 052	132	58 620	181 931	326 154	233 101
	江 苏	80 690	185 108	194 300	10 521	30 599	4 410	138 923	635 794	444 511	835 834
	浙 江	73 895	119 248	103 206	6 924	34 239	2 878	141 621	432 363	352 961	561 414
	福 建	21 788	61 668	53 810	3 825	25 212	2 400	50 354	205 261	151 163	273 154
	山 东	157 808	419 506	376 459	114 795	46 419	4 643	215 687	1 333 061	796 374	1 872006
	广 东	93 538	173 830	207 649	5 214	34 213	3 998	201 050	776 501	536 450	959 542
	海 南	2 681	2 995	6 909	346	876	132	9 928	44 691	20 394	48 165
	小计	990 029	1 552 674	2 293 402	348 554	297 149	33 738	1 249 000	5 264 084	4 829 581	7 199 050
	占全国比例/%	55.6	38.5	58.8	31.3	61.7	29.8	57.1	48.5	57.8	44.7
中部	山 西	86 538	264 841	239 172	99 061	25 222	8 642	99 098	521 833	450 029	894 376
	吉 林	58 035	70 802	153 557	46 535	6 362	1 707	36 413	275 185	254 366	394 228
	黑龙江	77 112	120 359	193 356	100 377	2 027	1 546	36 399	391 862	308 893	614 145
	安 徽	35 343	78 521	42 982	13 337	9 535	5 751	51 343	295 911	139 204	393 519
	江 西	25 809	83 732	34 284	6 378	10 553	4 353	32 289	180 498	102 935	274 961

地区		SO₂ 实际	SO₂ 虚拟	烟尘 实际	烟尘 虚拟	工业粉尘 实际	工业粉尘 虚拟	NOₓ 实际	NOₓ 虚拟	总治理成本 实际	总治理成本 虚拟
中部	河　南	38 647	317 227	141 568	80 064	22 261	8 761	169 597	854 320	372 074	1 260 373
	湖　北	35 663	89 571	64 497	9 217	22 937	4 205	59 126	317 319	182 224	420 312
	湖　南	29 088	118 957	47 932	18 149	14 219	9 562	45 218	284 326	136 457	430 993
	小计	386 235	1 144 010	917 349	373 117	113 116	44 527	529 482	3 121 254	1 946 182	4 682 908
	占全国比例/%	21.7	28.4	23.5	33.5	23.5	39.3	24.2	28.8	23.3	29.1
西部	内蒙古	39 582	214 274	114 151	64 071	4 216	5 674	50 674	422 328	208 621	706 347
	广　西	24 017	136 068	36 264	9 006	12 356	6 918	35 678	209 781	108 316	361 774
	重　庆	69 246	125 539	68 787	24 839	4 316	2 646	29 216	133 999	171 565	287 023
	四　川	73 344	215 249	136 254	86 482	16 139	4 773	78 972	364 148	304 710	670 652
	贵　州	11 846	112 714	27 589	9 518	4 280	2 378	22 636	183 933	66 351	308 543
	云　南	50 456	75 319	41 926	15 913	11 697	1 931	47 338	276 385	151 418	369 548
	西　藏	203	11 038	351	20	0	22	2 981	7 691	3 535	18 771
	陕　西	25 717	182 222	61 710	81 228	4 786	4 232	56 396	319 972	148 609	587 653
	甘　肃	44 209	102 014	63 550	36 929	4 043	2 069	33 255	231 248	145 057	372 260
	青　海	2 296	23 650	11 584	23 243	3 030	1 156	6 695	42 632	23 606	90 681
	宁　夏	16 735	50 315	43 816	7 837	1 455	1 123	14 720	102 016	76 726	161 291
	新　疆	45 603	83 148	86 158	33 961	4 816	2 155	29 573	173 546	166 150	292 810
	小计	403 254	1 331 550	692 140	393 046	71 135	35 076	408 135	2 467 678	1 574 663	4 227 351
	占全国比例/%	22.7	33.1	17.7	35.3	14.8	30.9	18.7	22.7	18.9	26.2
合计		1 779 518	4 028 234	3 902 890	1 114 718	481 400	113 342	2 186 617	10 853 016	8 350 425	16 109 309

单位：万元

附表 12　按部门分的工业固体废物价值量核算表（2005 年）

行业	实际治理成本		废物储存虚拟治理成本		废物排放虚拟治理成本		总实际治理成本	总虚拟治理成本
	一般工业固体废物	危险废物	一般工业固体废物储存	危险废物储存	一般工业固体废物排放	危险废物排放		
煤炭	145 116	134	47 557	0	11 346	0	145 250	58 903
石油开采	1 153	21 969	67	2 734	26	0	23 122	2 827
黑色矿	173 105	0	104 881	0	5 801	0	173 105	110 682
有色矿	202 782	64 584	104 489	272 302	3 578	0	267 366	380 369
非金矿	4 906	1 240	3 831	122 776	562	0	6 146	127 170
其他矿	731	0	162	0	0	0	731	162
食品加工	1 397	33	284	0	1 150	0	1 431	1 434
食品制造	725	84	1 381	16	77	0	808	1 473
饮料制造	459	134	41	0	153	0	592	194
烟草制品	1 335	0	41	0	281	0	1 335	322
纺织业	1 002	24 330	40	64	434	0	25 332	539
服装鞋帽	29	1 503	0	0	26	0	1 532	26
皮革	305	4 148	0	659	0	0	4 453	659
木材加工	112	267	41	0	26	0	379	66

第二产业

行业		实际治理成本		废物储存虚拟治理成本		废物排放虚拟治理成本		总实际治理成本	总虚拟治理成本
		一般工业固体废物	危险废物	一般工业固体废物储存	危险废物储存	一般工业固体废物排放	危险废物排放		
	家具制造	290	100	0	0	0	0	390	0
	造纸	3 163	5 162	769	177	204	0	8 324	1 151
	印刷业	15	751	0	0	0	0	766	0
	文教用品	0	401	0	0	0	0	401	0
	石化	3 572	24 882	1 824	3 507	1 354	0	28 454	6 685
	化工	42 478	316 195	28 769	80 811	1 788	49	358 673	111 417
	医药	253	3 171	41	4 761	77	0	3 423	4 879
	化纤	552	7 898	162	0	26	0	8 451	188
	橡胶	47	401	0	0	0	0	447	0
	塑料	46	451	0	0	0	0	497	0
第二产业	非金制造	4 186	4 158	9 117	48	4 319	0	8 344	13 484
	黑色冶金	109 519	9 410	46 103	4 182	3 808	0	118 929	54 093
	有色冶金	41 343	21 874	28 677	47 885	1 022	0	63 217	77 584
	金属制品	155	9 221	36	1 978	51	16	9 375	2 082
	普通机械	835	2 772	122	0	294	805	3 607	1 221
	专用设备	527	2 807	59	177	280	99	3 334	614

行业	实际治理成本		废物储存虚拟治理成本		废物排放虚拟治理成本		总实际治理成本	总虚拟治理成本
	一般工业固体废物	危险废物	一般工业固体废物储存	危险废物储存	一般工业固体废物排放	危险废物排放	成本	成本
交通设备	2 942	11 189	181	129	102	0	14 131	412
电气机械	77	2 439	40	80	26	0	2 516	146
通信业	126	8 784	0	80	0	0	8 910	80
仪器制造	164	3 006	0	16	0	0	3 170	16
工艺品	0	217	0	32	0	0	217	32
废旧加工	0	134	0	0	0	0	134	0
电力生产	107 350	2 104	104 292	16	1 252	0	109 454	105 560
燃气生产	363	50	487	0	0	0	413	487
自来水	262	167	0	0	0	0	429	0
建筑业	—	—				—		
第二产业 小计	851 421	556 168	483 493	542 432	38 061	969	1 407 589	1 064 956

附表 13 按地区分的工业固体废物价值量核算表（2005 年）

单位：万元

地区	实际治理成本		废物储存虚拟治理成本		废物排放虚拟治理成本		总实际治理成本	总虚拟治理成本
	一般工业固体废物	危险废物	一般工业固体废物储存	危险废物储存	一般工业固体废物排放	危险废物排放		
北京	9 992	7 164	3 222	16	218	0	17 156	3 456
天津	444	2 226	0	0	0	0	2 669	0
河北	135 156	10 949	58 222	32	1 011	0	146 105	59 264
辽宁	95 789	41 334	45 838	16 790	224	0	137 124	62 852
上海	1 358	15 660	151	16	3	0	17 018	170
江苏	3 380	43 757	3 686	4 085	0	0	47 137	7 771
浙江	3 771	7 137	429	3 763	134	0	10 908	4 327
福建	26 089	3 331	0	1 689	137	0	29 420	1 826
山东	10 336	5 207	10 622	61 966	3	0	15 543	72 592
广东	10 092	65 859	7 143	161	330	18	75 950	7 652
海南	208	19	718	1 833	1	0	227	2 552
小计	296 614	202 643	130 031	90 352	2 061	18	499 257	222 462
占全国比例/%	34.84	36.44	26.89	16.66	5.42	1.88	35.47	20.89
山西	120 532	2 391	14 855	1 930	14 407	0	122 924	31 192
吉林	6 270	2 274	21 454	0	44	0	8 544	21 499
黑龙江	13 907	16 718	5 930	177	1	0	30 625	6 108
安徽	14 067	3 607	6 822	48	1	0	17 674	6 872
江西	112 176	98	10 860	16	245	0	112 274	11 121
河南	34 804	2 487	16 241	129	87	0	37 291	16 456

东部

中部

地区		实际治理成本		废物储存虚拟治理成本		废物排放虚拟治理成本		总实际治理成本	总虚拟治理成本
		一般工业固体废物	危险废物	一般工业固体废物储存	危险废物储存	一般工业固体废物排放	危险废物排放		
中部	湖 北	6 870	666	16 564	16	398	0	7 537	16 978
	湖 南	2 717	17 651	10 565	5 709	0	147	20 368	16 421
	小计	311 344	45 892	103 291	8 025	15 183	147	357 236	126 647
	占全国比例/%	36.57	8.25	21.36	1.48	39.89	15.15	25.38	11.89
西部	内蒙古	33 459	13 197	69 606	32 728	1 489	0	46 656	103 823
	广 西	7 574	23 328	20 658	46 623	2 632	5	30 902	69 919
	重 庆	3 870	3 754	3 960	96	4 384	796	7 624	9 236
	四 川	34 012	2 932	25 046	5 629	2 757	1	36 945	33 432
	贵 州	49 190	246 804	25 840	97 444	3 128	0	295 994	126 412
	云 南	45 403	4 847	25 049	42 378	1 684	0	50 250	69 110
	西 藏	5	0	19	0	174	0	5	193
	陕 西	41 288	514	41 436	4 294	831	0	41 803	46 561
	甘 肃	16 759	2 157	20 719	18 929	968	2	18 916	40 619
	青 海	2 160	1 245	8 308	123 257	66	0	3 405	131 631
	宁 夏	6 079	2 031	1 706	0	98	0	8 110	1 804
	新 疆	3 662	6 826	7 824	72 677	2 607	0	10 488	83 108
	小计	243 463	307 633	250 171	444 055	20 817	804	551 096	715 848
	占全国比例/%	28.59	55.31	51.74	81.86	54.69	82.97	39.15	67.22
合计		851 421	556 168	483 493	542 432	38 061	969	1 407 589	1 064 956

附表 14　按地区分的生活垃圾价值量核算（2005 年）

单位：万元

地区		清运成本	实际治理成本						虚拟治理成本			总实际治理成本	总虚拟治理成本
			小计	无害化处理成本			简易处理成本	简易处理	有序堆放	无序堆放		
				卫生填埋	堆肥成本	无害化焚烧							
东部	北　京	11 365	17 803	15 431	1 410	962	0	0	697	5 307	29 168	6 004
	天　津	3 625	7 117	3 309	0	3 808	246	830	0	7 060	10 988	7 891
	河　北	13 602	15 795	8 834	3 213	3 748	1 901	6 416	5 661	15 148	31 298	27 225
	辽　宁	15 360	17 070	12 391	2 781	1 897	2 423	8 179	3 942	2 646	34 853	14 767
	上　海	15 558	19 215	2 643	3 263	13 309	3 464	11 691	6	4 497	38 236	16 193
	江　苏	20 870	30 165	24 614	0	5 551	1 011	3 412	988	11 925	52 045	16 324
	浙　江	19 063	42 047	16 363	0	25 684	765	2 581	1 702	2 401	61 874	6 684
	福　建	7 575	12 886	8 148	979	3 760	321	1 083	266	7 796	20 782	9 145
	山　东	26 163	24 685	21 683	1 344	1 657	3 287	11 094	2 335	15 319	54 134	28 748
	广　东	43 065	47 830	25 106	0	22 724	0	0	33 561	19 598	90 895	53 159
	海　南	2 030	2 291	1 958	238	95	217	731	5	37	4 538	774
	小　计	178 275	236 903	140 480	13 229	83 194	13 635	46 017	49 164	91 734	428 812	186 915
	占全国比例/%	52.22	61.51	54.05	58.94	80.93	35.41	35.41	40.61	52.95	56.05	44.27
中部	山　西	12 394	3 082	3 082	0	0	1 847	6 233	12 327	0	17 323	18 560
	吉　林	11 608	10 340	8 222	0	2 118	1 386	4 679	7 096	0	23 334	11 774
	黑龙江	22 516	13 468	12 883	65	520	3 473	11 723	14 405	0	39 457	26 128
	安　徽	9 532	4 118	2 792	0	1 326	2 714	9 159	3 013	11 387	16 364	23 559
	江　西	5 288	4 897	4 897	0	0	1 072	3 618	435	9 949	11 257	14 001
	河　南	15 134	22 326	13 042	2 917	6 367	2 002	6 758	3 321	7 779	39 462	17 858

地区		清运成本	实际治理成本					虚拟治理成本			总实际治理成本	总虚拟治理成本
			无害化处理成本				简易处理成本	简易处理	有序堆放	无序堆放		
			小计	卫生填埋	堆肥处理成本	无害化焚烧						
中部	湖 北	17 704	21 037	19 711	1 326	0	1 677	5 659	5 733	0	40 417	11 392
	湖 南	9 720	7 312	7 312	0	0	2 331	7 866	913	11 390	19 363	20 169
	小计	103 896	86 580	71 942	4 308	10 331	16 502	55 695	47 244	40 504	206 978	143 443
	占全国比例/%	30.43	22.48	27.68	19.19	10.05	42.86	42.86	39.02	23.38	27.05	33.98
西部	内蒙古	6 580	5 810	4 647	1 150	13	684	2 309	4 156	7 132	13 074	13 597
	广 西	4 094	6 062	3 942	658	1 462	515	1 738	754	7 993	10 671	10 485
	重 庆	4 752	7 349	3 939	0	3 410	927	3 127	19	3 607	13 027	6 753
	四 川	12 014	15 323	9 310	2 062	3 951	851	2 873	7 380	2 433	28 189	12 685
	贵 州	3 530	4 163	3 506	591	65	530	1 790	500	4 589	8 223	6 879
	云 南	4 114	6 866	6 041	448	377	230	778	377	7 478	11 210	8 632
	西 藏	890							1 687	0	890	1 687
	陕 西	7 414	5 589	5 589	0	0	1 382	4 665	2 415	4 861	14 385	11 941
	甘 肃	5 956	1 945	1 945	0	0	1 881	6 347	1 116	844	9 781	8 307
	青 海	1 088	2 062	2 062	0	0	0	0	1 800	1 800	3 150	1 800
	宁 夏	1 928	1 840	1 840	0	0	39	132	1 919	277	3 807	2 052
	新 疆	6 872	4 676	4 676	0	0	1 329	4 486	2 534	0	12 877	7 019
	小计	59 232	61 684	47 496	4 910	9 278	8 369	28 244	24 656	41 013	129 285	91 837
	占全国比例/%	17.35	16.01	18.27	21.87	9.02	21.73	21.73	20.37	23.67	16.90	21.75
	合计	341 403	385 167	259 919	22 446	102 802	38 506	129 957	121 064	173 250	765 075	422 194

附表 15　污染物（产业部门）价值量核算汇总表（污染治理成本法）（2005 年）

	行业	水污染/万元		大气污染/万元		固体废物污染/万元		合计/万元		水污染价值量比例/%		大气污染价值量比例/%		固体废物污染价值量比例/%	
		实际	虚拟	实际	虚拟	实际	虚拟	实际	虚拟	实际	虚拟	实际	虚拟	实际	虚拟
第一产业	种植业	—	—	0	0	—	—	0	0	—	100.0	—	—	—	—
	畜牧业	402 117	1 035 876	0	0	—	—	402 117	1 035 876	100.0	100.0	0.0	0.0	0.0	0.0
	农村生活	86 928	2 617 472	—	—	—	—	86 928	2 617 472	—	100.0	—	—	—	—
	小计	489 045	3 653 348	0	0	—	—	489 045	3 653 348	100.0	100.0	0.0	0.0	0.0	0.0
第二产业	煤炭	92 916	163 300	18 147	98 910	145 250	58 903	256 313	321 113	36.3	50.9	7.1	30.8	56.7	18.3
	石油	131 856	98 555	6 242	47 295	23 122	2 827	161 220	148 677	81.8	66.3	3.9	31.8	14.3	1.9
	黑色矿	23 559	27 960	7 015	9 784	173 105	110 682	203 679	148 425	11.6	18.8	3.4	6.6	85.0	74.6
	有色矿	53 839	101 363	9 359	9 869	267 366	380 369	330 563	491 601	16.3	20.6	2.8	2.0	80.9	77.4
	非金矿	12 999	34 063	12 169	21 015	6 146	127 170	31 314	182 248	41.5	18.7	38.9	11.5	19.6	69.8
	其他矿	361	146	40	330	731	162	1 131	638	31.9	22.9	3.5	51.7	64.6	25.5
	食品加工	79 666	1 815 878	13 619	47 043	1 431	1 434	94 716	1 864 355	84.1	97.4	14.4	2.5	1.5	0.1
	食品制造	85 113	795 185	6 202	28 142	808	1 473	92 123	824 799	92.4	96.4	6.7	3.4	0.9	0.2
	饮料制造	71 164	597 156	5 539	27 101	592	194	77 294	624 451	92.1	95.6	7.2	4.3	0.8	0.0
	烟草制品	2 185	4 899	1 468	3 989	1 335	322	4 988	9 210	43.8	53.2	29.4	43.3	26.8	3.5
	纺织业	242 324	752 547	16 696	76 052	25 332	539	284 351	829 138	85.2	90.8	5.9	9.2	8.9	0.1
	服装鞋帽	27 026	55 346	1 621	8 683	1 532	26	30 179	64 055	89.6	86.4	5.4	13.6	5.1	0.0

行业	水污染/万元		大气污染/万元		固体废物污染/万元		合计/万元		水污染价值量比例/%		大气污染价值量比例/%		固体废物污染价值量比例/%	
	实际	虚拟	实际	虚拟	实际	虚拟	实际	虚拟	实际	虚拟	实际	虚拟	实际	虚拟
皮革	36 356	420 000	1 084	4 853	4 453	659	41 893	425 513	86.8	98.7	2.6	1.1	10.6	0.2
木材加工	5 025	179 952	3 772	14 423	379	66	9 177	194 441	54.8	92.5	41.1	7.4	4.1	0.0
家具制造	2 144	1 972	1 667	1 093	390	0	4 201	3 066	51.0	64.3	39.7	35.7	9.3	0.0
造纸	324 535	3 805 314	30 899	111 521	8 324	1 151	363 758	3 917 986	89.2	97.1	8.5	2.8	2.3	0.0
印刷业	2 626	3 720	99	1 968	766	0	3 491	5 689	75.2	65.4	2.8	34.6	21.9	0.0
文教用品	2 140	2 649	2 357	1 467	401	0	4 898	4 116	43.7	64.4	48.1	35.6	8.2	0.0
石化	205 608	65 423	64 295	110 514	28 454	6 685	298 357	182 621	68.9	35.8	21.5	60.5	9.5	3.7
化工	444 680	1 415 519	126 342	358 878	358 673	111 417	929 694	1 885 814	47.8	75.1	13.6	19.0	38.6	5.9
医药	71 151	640 504	4 544	19 580	3 423	4 879	79 118	664 964	89.9	96.3	5.7	2.9	4.3	0.7
化纤	62 112	215 426	14 849	30 234	8 451	188	85 411	245 848	72.7	87.6	17.4	12.3	9.9	0.1
橡胶	6 169	13 372	3 708	14 214	447	0	10 324	27 585	59.8	48.5	35.9	51.5	4.3	0.0
塑料	5 384	6 517	458	10 317	497	0	6 339	16 834	84.9	38.7	7.2	61.3	7.8	0.0
非金属制造	41 195	81 287	223 871	399 976	8 344	13 484	273 410	494 747	15.1	16.4	81.9	80.8	3.1	2.7
黑色冶金	376 369	96 076	356 350	827 639	118 929	54 093	851 647	977 808	44.2	9.8	41.8	84.6	14.0	5.5
有色冶金	69 255	10 922	273 521	124 814	63 217	77 584	405 994	213 320	17.1	5.1	67.4	58.5	15.6	36.4
金属制品	77 387	6 102	1 345	14 783	9 375	2 082	88 107	22 967	87.8	26.6	1.5	64.4	10.6	9.1
普通机械	13 049	17 020	5 369	24 475	3 607	1 221	22 024	42 716	59.2	39.8	24.4	57.3	16.4	2.9
专用设备	17 566	14 696	2 968	15 609	3 334	614	23 868	30 919	73.6	47.5	12.4	50.5	14.0	2.0

第二产业

行业		水污染/万元		大气污染/万元		固体废物污染/万元		合计/万元		水污染价值量比例/%		大气污染价值量比例/%		固体废物污染价值量比例/%	
		实际	虚拟	实际	虚拟	实际	虚拟	实际	虚拟	实际	虚拟	实际	虚拟	实际	虚拟
第二产业	交通设备	32 532	39 874	6 581	31 452	14 131	412	53 244	71 738	61.1	55.6	12.4	43.8	26.5	0.6
	电气机械	70 711	19 124	991	9 236	2 516	146	74 218	28 506	95.3	67.1	1.3	32.4	3.4	0.5
	通信业	61 047	27 186	1 782	7 627	8 910	80	71 738	34 894	85.1	77.9	2.5	21.9	12.4	0.2
	仪器制造	19 248	10 411	294	2 247	3 170	16	22 711	12 674	84.7	82.1	1.3	17.7	14.0	0.1
	工艺品	2 926	5 461	208	6 810	217	32	3 352	12 303	87.3	44.4	6.2	55.4	6.5	0.3
	废旧加工	456	1 673	28	349	134	0	618	2 022	73.8	82.7	4.6	17.3	21.6	0.0
	电力生产	138 818	279 936	1 441 859	4 913 826	109 454	105 560	1 690 132	5 299 321	8.2	5.3	85.3	92.7	6.5	2.0
	燃气生产	5 667	22 176	3 147	3 277	413	487	9 227	25 940	61.4	85.5	34.1	12.6	4.5	1.9
	自来水	—	—	260	1 420	429	0	689	1 420	0.0	0.0	37.7	100.0	62.3	0.0
	建筑业	—	—	344 315	250 096	0	0	344 315	250 096	0.0	0.0	100.0	100.0	0.0	0.0
	小计	2 917 158	11 848 710	3 015 079	7 690 912	1 407 589	1 064 956	7 339 827	20 604 577	39.7	57.5	41.1	37.3	19.2	5.2
城市生活		601 193	5 338 439	5 335 346	8 418 398	765 075	422 194	6 701 614	14 179 031	9.0	37.7	79.6	59.4	11.4	3.0
合计		4 007 397	20 840 497	8 350 425	16 109 309	2 172 665	1 487 150	14 530 486	38 436 957	27.6	54.2	57.5	41.9	15.0	3.9

135

附表 16　污染物（地区）价值量核算汇总表（污染治理成本法）（2005 年）

地区	水污染/万元		大气污染/万元		固体废物污染/万元		合计/万元		水污染价值量比例/%		大气污染价值量比例/%		固体废物污染价值量比例/%	
	实际	虚拟	实际	虚拟	实际	虚拟	实际	虚拟	实际	虚拟	实际	虚拟	实际	虚拟
北京	122 070	120 550	532 478	296 031	46 324	9 460	700 872	426 041	17.42	28.30	75.97	69.48	6.61	2.22
天津	79 784	194 672	276 900	208 785	13 657	7 891	370 341	411 347	21.54	47.33	74.77	50.76	3.69	1.92
河北	177 050	1 226 046	650 409	1 195 298	177 403	86 489	1 004 862	2 507 832	17.62	48.89	64.73	47.66	17.65	3.45
辽宁	164 628	989 371	741 788	715 721	171 977	77 619	1 078 392	1 782 710	15.27	55.50	68.79	40.15	15.95	4.35
上海	187 767	288 756	326 154	233 101	55 255	16 364	569 176	538 221	32.99	53.65	57.30	43.31	9.71	3.04
江苏	455 826	1 297 464	444 511	835 834	99 182	24 095	999 519	2 157 393	45.60	60.14	44.47	38.74	9.92	1.12
浙江	326 344	928 904	352 961	561 414	72 782	11 012	752 088	1 501 329	43.39	61.87	46.93	37.39	9.68	0.73
福建	120 407	511 464	151 163	273 154	50 202	10 971	321 772	795 589	37.42	64.29	46.98	34.33	15.60	1.38
山东	407 858	1 257 300	796 374	1 872006	69 678	101 340	1 273 909	3 230 647	32.02	38.92	62.51	57.95	5.47	3.14
广东	406 762	1 301 297	536 450	959 542	166 845	60 811	1 110 057	2 321 650	36.64	56.05	48.33	41.33	15.03	2.62
海南	17 781	91 022	20 394	48 165	4 765	3 326	42 940	142 513	41.41	63.87	47.49	33.80	11.10	2.33
小计	2 466 279	8 206 845	4 829 581	7 199 050	928 070	409 376	8 223 929	15 815 272	29.99	51.89	58.73	45.52	11.28	2.59
占全国比例/%	61.5	39.4	57.8	44.7	35.5	20.9	56.6	41.1	—	—	—	—	—	—
山西	151 062	571 762	450 029	894 376	140 247	49 753	741 338	1 515 891	20.38	37.72	60.71	59.00	18.92	3.28
吉林	75 934	707 656	254 366	394 228	31 878	33 273	362 178	1 135 157	20.97	62.34	70.23	34.73	8.80	2.93
黑龙江	142 473	623 207	308 893	614 145	70 082	32 235	521 449	1 269 587	27.32	49.09	59.24	48.37	13.44	2.54
安徽	116 395	663 751	139 204	393 519	34 038	30 431	289 637	1 087 701	40.19	61.02	48.06	36.18	11.75	2.80
江西	69 765	561 256	102 935	274 961	123 531	25 122	296 231	861 339	23.55	65.16	34.75	31.92	41.70	2.92
河南	184 632	1 235 271	372 074	1 260 373	76 753	34 314	633 459	2 529 958	29.15	48.83	58.74	49.82	12.12	1.36
湖北	97 897	800 339	182 224	420 312	47 954	28 371	328 075	1 249 021	29.84	64.08	55.54	33.65	14.62	2.27

东部

中部

地区		水污染/万元		大气污染/万元		固体废物污染/万元		合计/万元		水污染价值量 比例/%		大气污染价值量 比例/%		固体废物污染 价值量比例/%	
		实际	虚拟	实际	虚拟	实际	虚拟	实际	虚拟	实际	虚拟	实际	虚拟	实际	虚拟
中部	湖南	96 604	1 238 699	136 457	430 993	39 730	36 590	272 791	1 706 282	35.41	72.60	50.02	25.26	14.56	2.14
	小计	934 763	6 401 940	1 946 182	4 682 908	564 214	270 089	3 445 158	11 354 938	27.13	56.38	56.49	41.24	16.38	2.38
	占全国比例/%	23.3	30.7	23.3	29.1	25.4	11.9	23.7	29.5	—	—	—	—	—	—
西部	内蒙古	62 763	471 365	208 621	706 347	59 730	117 420	331 114	1 295 131	18.95	36.40	63.01	54.54	18.04	9.07
	广　西	90 047	1 831 174	108 316	361 774	41 572	80 404	239 935	2 273 352	37.53	80.55	45.14	15.91	17.33	3.54
	重　庆	47 229	437 400	171 565	287 023	20 651	15 989	239 445	740 412	19.72	59.08	71.65	38.77	8.62	2.16
	四　川	120 123	1 159 166	304 710	670 652	65 133	46 117	489 966	1 875 936	24.52	61.79	62.19	35.75	13.29	2.46
	贵　州	30 971	258 597	66 351	308 543	304 217	133 291	401 539	700 431	7.71	36.92	16.52	44.05	75.76	19.03
	云　南	62 823	432 516	151 418	369 548	61 460	77 742	275 701	879 806	22.79	49.16	54.92	42.00	22.29	8.84
	西　藏	8 104	7 280	3 535	18 771	895	1 880	12 533	27 930	64.66	26.06	28.20	67.21	7.14	6.73
	陕　西	48 786	517 611	148 609	587 653	56 188	58 502	253 584	1 163 766	19.24	44.48	58.60	50.50	22.16	5.03
	甘　肃	39 260	280 652	145 057	372 260	28 697	48 926	213 014	701 838	18.43	39.99	68.10	53.04	13.47	6.97
	青　海	10 213	106 233	23 606	90 681	6 555	133 430	40 374	330 344	25.30	32.16	58.47	27.45	16.24	40.39
	宁　夏	27 893	270 828	76 726	161 291	11 917	3 855	116 536	435 975	23.93	62.12	65.84	37.00	10.23	0.88
	新　疆	58 143	458 890	166 150	292 810	23 365	90 127	247 658	841 827	23.48	54.51	67.09	34.78	9.43	10.71
	小计	606 355	6 231 712	1 574 663	4 227 351	680 381	807 684	2 861 399	11 266 747	21.19	55.31	55.03	37.52	23.78	7.17
	占全国比例/%	15.1	29.9	18.9	26.2	39.2	67.2	19.7	29.3	—	—	—	—	—	—
	合计	4 007 397	20 840 497	8 350 425	16 109 309	2 172 665	1 487 150	14 530 486	38 436 957	27.58	54.22	57.47	41.91	14.95	3.87

附表17　污染物（地区）价值量核算汇总表（污染损失法）（2005年）

地区	大气污染退化成本/亿元					水污染退化成本/亿元						固体废物侵占土地退化成本/亿元	污染事故退化成本/亿元	退化成本合计/亿元	GDP/亿元	退化成本占GDP的比例/%
	健康	农业	材料	生活	小计	污染型缺水	健康	城市生活	工业用水预处理	农业	小计					
北京	115.9	2.8	0.0	17.5	136.2	9.9	0.1	7.4	0.0	3.1	20.6	0.2	0.000 0	157.0	6 886.3	2.28
天津	44.3	2.8	0.0	7.3	54.5	11.8	0.8	4.2	0.5	24.6	41.9	0.1	0.000 5	96.4	3 697.6	2.61
河北	80.7	42.5	0.0	18.1	141.4	270.0	7.7	7.9	0.5	75.7	361.8	3.6	0.000 7	506.8	10 096.1	5.02
辽宁	63.6	13.2	0.0	15.6	92.4	61.8	14.5	14.4	13.9	47.6	152.2	2.4	0.004 6	247.0	8 009.0	3.08
上海	108.2	5.1	0.0	11.8	134.1	0.0	0.0	39.8	37.2	7.2	84.2	0.1	0.003 7	218.4	9 154.2	2.39
江苏	157.4	49.3	18.4	27.3	252.5	90.1	2.6	39.8	83.3	54.7	270.4	0.6	0.178 8	523.7	18 305.7	2.86
浙江	86.4	75.4	21.5	14.9	198.1	17.0	6.4	27.1	45.7	24.3	120.6	0.3	0.040 5	319.0	13 437.9	2.37
福建	44.7	27.9	5.2	7.0	84.8	12.4	6.0	5.5	0.0	0.0	23.9	0.3	0.002 7	109.0	6 568.9	1.66
山东	135.7	63.3	0.0	22.9	221.9	132.5	21.7	16.2	0.5	15.6	186.6	1.0	0.008 7	409.5	18 516.9	2.21
广东	201.3	52.5	34.9	28.6	317.3	45.1	19.8	60.4	46.6	1.0	172.9	1.7	0.612 8	492.6	22 366.5	2.20
海南	3.3	0.0	0.0	0.8	4.1	5.7	1.2	0.4	0.0	0.0	7.2	0.1	0.001 6	11.5	894.6	1.28
小计	1 041.4	334.9	89.1	171.8	1 637.2	656.2	80.9	223.2	228.1	253.9	1 442.3	10.51	0.854 6	3 090.9	117 933.7	2.62
占全国比例/%	59.0	51.9	65.3	53.3	57.1	45.2	40.9	61.4	64.2	54.2	50.9	35.5	81.1	53.4	59.6	—

东部

地区	大气污染退化成本/亿元					水污染退化成本/亿元						固体废物侵占土地退化成本/亿元	污染事故退化成本/亿元	退化成本合计/亿元	GDP/亿元	退化成本占GDP的比例/%
	健康	农业	材料	生活	小计	污染型缺水	健康	城市生活	工业用水预处理	农业	小计					
山　西	49.5	21.0	0.0	10.3	80.8	56.3	2.8	5.2	3.8	26.4	94.5	1.3	0.0011	176.6	4 179.5	4.23
吉　林	35.9	1.6	0.0	8.0	45.6	38.9	5.4	12.8	2.0	24.9	84.0	0.8	0.0008	130.4	3 620.3	3.60
黑龙江	54.9	3.7	0.0	13.2	71.8	71.6	4.4	14.5	43.4	18.8	152.6	0.5	0.0006	224.9	5 511.5	4.08
安　徽	44.6	10.7	3.2	8.4	66.8	73.0	10.8	7.8	4.9	30.0	126.4	0.6	0.027 5	193.9	5 375.1	3.61
江　西	33.6	28.0	5.4	5.3	72.3	14.5	6.6	5.1	5.1	0.8	32.0	0.8	0.008 8	105.1	4 056.8	2.59
中部 河　南	91.9	37.0	0.0	18.8	147.8	108.4	19.9	14.9	14.9	68.6	226.6	1.2	0.0015	375.6	10 587.4	3.55
湖　北	55.4	15.3	5.0	12.3	87.9	16.7	11.2	7.4	0.0	1.1	36.3	0.8	0.012 6	125.1	6 520.1	1.92
湖　南	47.9	70.7	11.7	9.0	139.3	16.0	11.3	14.7	23.6	7.8	73.5	0.9	0.034 0	213.6	6 511.3	3.28
小　计	413.8	187.9	25.3	85.3	712.4	395.3	72.3	82.3	97.8	178.3	826.0	6.91	0.086 9	1 545.4	46 362.1	3.33
占全国比例%	23.4	29.1	18.6	26.5	24.8	27.2	36.6	22.7	27.5	38.1	29.1	23.4	8.3	26.7	23.4	—
内蒙古	38.1	3.7	0.0	7.8	49.5	70.0	7.6	4.3	2.4	6.7	91.0	2.3	0.0016	142.9	3 895.6	3.67
广　西	27.3	17.7	4.0	4.7	53.7	23.9	3.1	5.1	4.5	0.7	37.3	1.5	0.037 0	92.5	4 075.7	2.27
西部 重　庆	35.9	24.2	4.8	9.2	74.1	10.4	2.9	7.0	3.8	1.7	25.7	0.5	0.0007	100.3	3 070.5	3.27
四　川	63.8	45.9	7.8	13.4	130.8	23.3	14.7	16.0	5.5	1.8	61.3	1.7	0.015 3	193.9	7 385.1	2.63
贵　州	13.6	9.0	2.5	2.6	27.7	16.0	3.4	3.2	1.8	0.0	24.6	1.3	0.005 8	53.6	1 979.1	2.71
云　南	25.9	11.5	2.8	4.8	45.0	41.3	4.1	4.2	0.0	0.0	49.6	1.4	0.022 2	95.9	3 472.9	2.76

地区		大气污染退化成本/亿元					水污染退化成本/亿元						固体废物侵占土地退化成本/亿元	污染事故退化成本/亿元	退化成本合计/亿元	GDP/亿元	退化成本占GDP的比例/%
		健康	农业	材料	生活	小计	污染型缺水	健康	城市生活	工业用水预处理	农业	小计					
西部	西藏	0.0	0.0	0.0		0.0	0.0	0.0	0.0	0.0	0.0	0.0	0.0	0.0000 0	0.0	251.2	0.00
	陕西	43.6	5.6	0.0	8.4	57.5	83.9	5.4	4.3	0.0	7.0	100.7	1.6	0.006 2	159.8	3 675.7	4.35
	甘肃	21.5	4.3	0.0	5.6	31.3	48.1	1.4	9.2	6.1	4.2	69.0	0.9	0.011 1	101.2	1 934.0	5.23
	青海	6.0	0.0	0.0	1.5	7.5	29.0	0.5	1.0	0.5	1.5	32.5	0.3	0.000 2	40.3	543.3	7.42
	宁夏	7.4	0.3	0.0	1.9	9.5	12.8	0.6	0.9	4.9	12.5	31.7	0.1	0.000 5	41.3	606.1	6.82
	新疆	27.0	0.6	0.0	5.3	32.9	40.8	0.8	2.6	0.0	0.1	44.3	0.4	0.011 1	77.6	2 604.2	2.98
	小计	309.9	122.6	21.9	65.0	519.5	399.6	44.6	57.7	29.6	36.1	567.6	12.14	0.111 7	1 099.4	33 493.3	3.28
	占全国比例/%	17.6	19.0	16.1	20.2	18.1	27.5	22.5	15.9	8.3	7.7	20.0	41.1	10.6	19.0	16.9	—
合计		1 765.1	645.4	136.4	322.2	2 869.0	1 451.1	197.8	363.2	355.5	468.4	2 836.0	29.6	53.4	5 787.9	197 789.1	2.93

注：①由于数据不完整，没有核算西藏自治区的环境退化成本；

②全国渔业污染事故损失没有分地区的数据，因此全国环境退化成本合计大于31个省份环境退化成本的合计。

附表18 31个省市经环境调整的 GDP 及 GDP 污染扣减指数核算结果

地区		虚拟治理成本/亿元				经虚拟治理成本调整 GDP/亿元	GDP/亿元	GDP污染扣减指数/%
		水污染	大气污染	固体废物	合计			
东部	北京	12.06	29.60	0.95	42.60	6 843.71	6 886.31	0.62
	天津	19.47	20.88	0.79	41.13	3 656.49	3 697.62	1.11
	河北	122.60	119.53	8.65	250.78	9 845.33	10 096.11	2.48
	辽宁	98.94	71.57	7.76	178.27	7 830.74	8 009.01	2.23
	上海	28.88	23.31	1.64	53.82	9 100.36	9 154.18	0.59
	江苏	129.75	83.58	2.41	215.74	18 089.93	18 305.66	1.18
	浙江	92.89	56.14	1.10	150.13	13 287.72	13 437.85	1.12
	福建	51.15	27.32	1.10	79.56	6 489.37	6 568.93	1.21
	山东	125.73	187.20	10.13	323.06	18 193.81	18 516.87	1.74
	广东	130.13	95.95	6.08	232.16	22 134.38	22 366.54	1.04
	海南	9.10	4.82	0.33	14.25	880.32	894.57	1.59
	小计	820.68	719.91	40.94	1 581.53	116 352.14	117 933.67	1.34
	占全国比例/%	39.4	44.7	20.9	41.1		59.63	—
中部	山西	57.18	89.44	4.98	151.59	4 027.93	4 179.52	3.63
	吉林	70.77	39.42	3.33	113.52	3 506.75	3 620.27	3.14
	黑龙江	62.32	61.41	3.22	126.96	5 384.54	5 511.50	2.30
	安徽	66.38	39.35	3.04	108.77	5 266.35	5 375.12	2.02
	江西	56.13	27.50	2.51	86.13	3 970.63	4 056.76	2.12
	河南	123.53	126.04	3.43	253.00	10 334.42	10 587.42	2.39
	湖北	80.03	42.03	2.84	124.90	6 395.24	6 520.14	1.92

地区		虚拟治理成本/亿元				经虚拟治理成本调整 GDP/亿元	GDP/亿元	GDP污染扣减指数/%
		水污染	大气污染	固体废物	合计			
中部	湖南	123.87	43.10	3.66	170.63	6 340.71	6 511.34	2.62
	小计	640.19	468.29	27.01	1 135.49	45 226.58	46 362.07	2.45
	占全国比例/%	30.7	29.1	11.9	29.5	23.32	23.44	—
西部	内蒙古	47.14	70.63	11.74	129.51	3 766.04	3 895.55	3.32
	广西	183.12	36.18	8.04	227.34	3 848.41	4 075.75	5.58
	重庆	43.74	28.70	1.60	74.04	2 996.45	3 070.49	2.41
	四川	115.92	67.07	4.61	187.59	7 197.52	7 385.11	2.54
	贵州	25.86	30.85	13.33	70.04	1 909.02	1 979.06	3.54
	云南	43.25	36.95	7.77	87.98	3 384.91	3 472.89	2.53
	西藏	0.73	1.88	0.19	2.79	248.42	251.21	1.11
	陕西	51.76	58.77	5.85	116.38	3 559.28	3 675.66	3.17
	甘肃	28.07	37.23	4.89	70.18	1 863.80	1 933.98	3.63
	青海	10.62	9.07	13.34	33.03	510.29	543.32	6.08
	宁夏	27.08	16.13	0.39	43.60	562.50	606.10	7.19
	新疆	45.89	29.28	9.01	84.18	2 520.01	2 604.19	3.23
	小计	623.17	422.74	80.77	1 126.67	32 366.64	33 493.31	3.36
	占全国比例/%	29.9	26.2	67.2	29.3	16.69	16.93	—
合计		2 084.05	1 610.93	1 487.15	3 843.70	193 945.36	197 789.05	1.94

附表 19　31 个省市 GDP、经环境调整的 GDP 和 GDP 扣减指数排序

区域	省、直辖市、自治区	调整前国内生产总值 GDP		虚拟治理成本		经环境污染调整后的 GDP		GDP 污染扣减指数	
		数值/亿元	名次	数值/亿元	名次	数值/亿元	名次	数值/%	名次
东部	北京	6 886.31	10	42.60	27	6 843.71	10	0.62	30
	天津	3 697.62	20	41.13	28	3 656.49	20	1.11	27
	河北	10 096.11	6	250.78	3	9 845.33	6	2.48	14
	辽宁	8 009.01	8	178.27	8	7 830.74	8	2.23	18
	上海	9 154.18	7	53.82	25	9 100.36	7	0.59	31
	江苏	18 305.66	3	215.74	6	18 089.93	3	1.18	25
	浙江	13 437.85	4	150.13	11	13 287.72	4	1.12	26
	福建	*6 568.93	11	79.56	21	6 489.37	11	1.21	24
	山东	18 516.87	2	323.06	1	18 193.81	2	1.74	22
	广东	22 366.54	1	232.16	4	22 134.38	1	1.04	29
	海南	894.57	28	14.25	30	880.32	28	1.59	23
中部	山西	4 179.52	16	151.59	10	4 027.93	16	3.63	4
	吉林	3 620.27	22	113.52	16	3 506.75	22	3.14	10
	黑龙江	5 511.50	14	126.96	13	5 384.54	14	2.30	17
	安徽	5 375.12	15	108.77	17	5 266.35	15	2.02	20
	江西	4 056.76	18	86.13	19	3 970.63	17	2.12	19
	河南	10 587.42	5	253.00	2	10 334.42	5	2.39	16
	湖北	6 520.14	12	124.90	14	6 395.24	12	1.92	21
	湖南	6 511.34	13	170.63	9	6 340.71	13	2.62	11

区域	省、直辖市、自治区	调整前国内生产总值 GDP		虚拟治理成本		经环境污染调整后的 GDP		GDP 污染扣减指数	
		数值/亿元	名次	数值/亿元	名次	数值/亿元	名次	数值/%	名次
西部	内蒙古	3 895.55	19	129.51	12	3 766.04	19	3.32	7
	广西	4 075.75	17	227.34	5	3 848.41	18	5.58	3
	重庆	3 070.49	24	74.04	22	2 996.45	24	2.41	15
	四川	7 385.11	9	187.59	7	7 197.52	9	2.54	12
	贵州	1 979.06	26	70.04	24	1 909.02	26	3.54	6
	云南	3 472.89	23	87.98	18	3 384.91	23	2.53	13
	西藏	251.21	31	2.79	31	248.42	31	1.11	28
	陕西	3 675.66	21	116.38	15	3 559.28	21	3.17	9
	甘肃	1 933.98	27	70.18	23	1 863.80	27	3.63	5
	青海	543.32	30	33.03	29	510.29	30	6.08	2
	宁夏	606.10	29	43.60	26	562.50	29	7.19	1
	新疆	2 604.19	25	84.18	20	2 520.01	25	3.23	8

附表 20 各产业部门经环境调整的增加值及增加值污染扣减指数

| 产业部门 | 虚拟治理成本/亿元 | | | | 增加值/亿元 | 经环境污染调整的增加值/亿元 | 增加值污染扣减指数/% |
	水污染	大气污染	固体废物污染	合计			
第一产业	365.33	0	0	365.33	23 070.4	22 705.07	1.58
煤炭	16.33	9.89	5.89	32.11	3 077.3	3 045.23	1.04
石油开采	9.86	4.73	0.28	14.87	5 129.1	5 114.25	0.29
黑色矿	2.80	0.98	11.07	14.84	454.4	439.58	3.27
有色矿	10.14	0.99	38.04	49.16	455.6	406.43	10.79
非金矿	3.41	2.10	12.72	18.22	298.9	280.65	6.10
其他矿	0.01	0.03	0.02	0.06	2.9	2.81	2.22
食品加工	181.59	4.70	0.14	186.44	2 925.7	2 739.30	6.37
食品制造	79.52	2.81	0.15	82.48	1 244.8	1 162.33	6.63
饮料制造	59.72	2.71	0.02	62.45	1 241.0	1 178.54	5.03
烟草制品	0.49	0.40	0.03	0.92	2 194.9	2 193.93	0.04
纺织业	75.25	7.61	0.05	82.91	3 452.3	3 369.41	2.40
服装鞋帽	5.53	0.87	0.00	6.41	1 512.8	1 506.41	0.42
皮革	42.00	0.49	0.07	42.55	1 006.2	963.66	4.23
木材加工	18.00	1.44	0.01	19.44	544.3	524.86	3.57
家具制造	0.20	0.11	0.00	0.31	410.1	409.76	0.07
造纸	380.53	11.15	0.12	391.80	1 221.5	829.65	32.08

（左侧列标注"第二产业"）

产业部门		虚拟治理成本/亿元				增加值/亿元	经环境污染调整的增加值/亿元	增加值污染扣减指数/%
		水污染	大气污染	固体废物污染	合计			
	印刷业	0.37	0.20	0.00	0.57	493.4	492.81	0.12
	文教用品	0.26	0.15	0.00	0.41	404.6	404.16	0.10
	石化	6.54	11.05	0.67	18.26	2 111.4	2 093.11	0.86
	化工	141.55	35.89	11.14	188.58	4 679.5	4 490.87	4.03
	医药	64.05	1.96	0.49	66.50	1 630.0	1 563.46	4.08
	化纤	21.54	3.02	0.02	24.58	517.1	492.50	4.75
	橡胶	1.34	1.42	0.00	2.76	634.3	631.58	0.43
	塑料	0.65	1.03	0.00	1.68	1 355.3	1 353.65	0.12
	非金属制造	8.13	40.00	1.35	49.47	2 991.7	2 942.27	1.65
第二产业	黑色冶金	9.61	82.76	5.41	97.78	6 155.1	6 057.32	1.59
	有色冶金	1.09	12.48	7.76	21.33	2 056.0	2 034.65	1.04
	金属制品	0.61	1.48	0.21	2.30	1 804.2	1 801.95	0.13
	普通机械	1.70	2.45	0.12	4.27	3 161.2	3 156.93	0.14
	专用设备	1.47	1.56	0.06	3.09	1 791.6	1 788.56	0.17
	交通设备	3.99	3.15	0.04	7.17	4 081.3	4 074.12	0.18
	电气机械	1.91	0.92	0.01	2.85	3 808.1	3 805.27	0.07
	通信业	2.72	0.76	0.01	3.49	6 096.7	6 093.24	0.06
	仪器制造	1.04	0.22	0.00	1.27	781.2	779.92	0.16
	工艺品	0.55	0.68	0.00	1.23	608.2	606.97	0.20

产业部门		虚拟治理成本/亿元				增加值/亿元	经环境污染调整的增加值/亿元	增加值污染扣减指数/%
		水污染	大气污染	固体废物污染	合计			
第二产业	废旧加工	0.17	0.03	0.00	0.20	63.9	63.65	0.32
	电力生产	27.99	491.38	10.56	529.93	6 094.3	5 564.32	8.70
	燃气生产	2.22	0.33	0.05	2.59	143.3	140.73	1.81
	自来水	0.00	0.14	0.00	0.14	278.8	278.63	0.05
	建筑业	0.00	25.01	0.00	25.01	10 133.8	10 108.79	0.25
	小计	1 184.87	769.09	106.50	2 060.46	87 046.7	84 986.24	2.37
第三产业		533.85	841.84	42.22	1 417.90	72 967.7	71 549.80	1.94
合计		2 084.05	1 610.93	148.72	3 843.70	183 084.8	179 241.10	2.10

附表 21　各工业行业 GDP、经环境调整的 GDP 和 GDP 扣减指数排序

工业行业	增加值 数值/亿元	名次	工业行业	虚拟治理成本 数值/亿元	名次	工业行业	经虚拟治理成本调整的增加值 数值/亿元	名次	工业行业	增加值污染扣减指数 数值/%	名次
其他矿	2.9	39	其他矿	0.06	39	其他矿	2.81	39	烟草制品	0.04	39
废旧加工	63.9	38	自来水	0.14	38	废旧加工	63.65	38	自来水	0.05	38
燃气生产	143.3	37	废旧加工	0.2	37	燃气生产	140.73	37	通信业	0.06	37
自来水	278.8	36	家具制造	0.31	36	自来水	278.63	36	家具制造	0.07	36
非金矿	298.9	35	文教用品	0.41	35	非金矿	280.65	35	电气用品	0.07	35
文教用品	404.6	34	印刷业	0.57	34	文教用品	404.16	34	文教用品	0.1	34
家具制造	410.1	33	烟草制品	0.92	33	有色矿	406.43	33	印刷业	0.12	33
黑色矿	454.4	32	工艺品	1.23	32	家具制造	409.76	32	塑料	0.12	32
有色矿	455.6	31	仪器制造	1.27	31	黑色矿	439.58	31	金属制品	0.13	31
印刷业	493.4	30	塑料	1.68	30	化纤	492.5	30	普通机械	0.14	30
化纤	517.1	29	金属制品	2.3	29	印刷业	492.81	29	仪器制造	0.16	29
木材加工	544.3	28	燃气生产	2.59	28	木材加工	524.86	28	专用设备	0.17	28
工艺品	608.2	27	橡胶	2.76	27	工艺品	606.97	27	交通设备	0.18	27
橡胶	634.3	26	电气机械	2.85	26	橡胶	631.58	26	工艺品	0.2	26
仪器制造	781.2	25	专用设备	3.09	25	仪器制造	779.92	25	石油开采	0.29	25
皮革	1 006.2	24	通信业	3.49	24	造纸	829.65	24	废旧加工	0.32	24
造纸	1 221.5	23	普通机械	4.27	23	皮革	963.66	23	服装鞋帽	0.42	23
饮料制造	1 241	22	服装鞋帽	6.41	22	食品制造	1 162.33	22	橡胶	0.43	22
食品制造	1 244.8	21	交通设备	7.17	21	饮料制造	1 178.54	21	石化	0.86	21
塑料	1 355.3	20	黑色矿	14.84	20	塑料	1 353.65	20	煤炭	1.04	20

工业行业	增加值 数值/亿元	名次	工业行业	虚拟治理成本 数值/亿元	名次	工业行业	经虚拟治理成本调整的增加值 数值/亿元	名次	工业行业	增加值污染扣减指数 数值/%	名次
服装鞋帽	1 512.8	19	石油开采	14.87	19	服装鞋帽	1 506.41	19	有色冶金	1.04	19
医药	1 630	18	非金属矿	18.22	18	医药	1 563.46	18	黑色冶金	1.59	18
专用设备	1 791.6	17	石化	18.26	17	专用设备	1 788.56	17	非金属制造	1.65	17
金属制品	1 804.2	16	木材加工	19.44	16	金属制品	1 801.95	16	燃气生产	1.81	16
有色冶金	2 056	15	有色冶金	21.33	15	有色冶金	2 034.65	15	其他矿	2.22	15
石化	2 111.4	14	化纤	24.58	14	石化	2 093.11	14	纺织业	2.4	14
烟草制品	2 194.9	13	煤炭	32.11	13	烟草制品	2 193.93	13	黑色矿	3.27	13
食品加工	2 925.7	12	皮革	42.55	12	食品加工	2 739.3	12	木材加工	3.57	12
非金属制造	2 991.7	11	有色矿	49.16	11	非金属制造	2 942.27	11	化工	4.03	11
煤炭	3 077.3	10	非金属制造	49.47	10	煤炭	3 045.23	10	医药	4.08	10
普通机械	3 161.2	9	饮料制造	62.45	9	普通机械	3 156.93	9	皮革	4.23	9
纺织业	3 452.3	8	医药	66.5	8	纺织业	3 369.41	8	化纤	4.75	8
电气机械	3 808.1	7	食品制造	82.48	7	电气机械	3 805.27	7	饮料制造	5.03	7
交通设备	4 081.3	6	纺织业	82.91	6	交通设备	4 074.12	6	非金属矿	6.1	6
化工	4 679.5	5	黑色冶金	97.78	5	化工	4 490.87	5	食品加工	6.37	5
石油开采	5 129.1	4	食品加工	186.44	4	石油开采	5 114.25	4	食品制造	6.63	4
电力生产	6 094.3	3	化工	188.58	3	电力生产	5 564.32	3	电力生产	8.7	3
通信业	6 096.7	2	造纸	391.8	2	黑色冶金	6 057.32	2	有色矿	10.79	2
黑色冶金	6 155.1	1	电力生产	529.93	1	通信业	6 093.24	1	造纸	32.08	1

附表22 2004年与2005年环境污染经济核算结果比较

项　目		年　份	2004	2005
实物量核算	水	废水/亿t	607.2	651.3
		COD/万t	2 109.3	2 195.0
		氨氮/万t	223.2	242.5
	大气	SO₂/万t	2 450.2	2 568.5
		烟尘/万t	1 095.5	1 182.5
		工业粉尘/万t	905.1	911.2
		NOₓ/万t	1 646.6	1 937.1
	固体废物	一般工业固体废物/万t	27 428.5	27 108.2
		危险废物/万t	344.4	337.9
		生活垃圾/万t	6 667.5	6 029.6
治理成本	实际治理成本	废水/亿元	344.4	400.7
		废气/亿元	478.2	835.0
		固体废物/亿元	182.7	217.3
		合计/亿元	1 005.3	1 453.0
	虚拟治理成本	废水/亿元	1 808.7	2 084.0
		废气/亿元	922.3	1 610.9
		固体废物/亿元	143.5	148.7
		合计/亿元	2 874.4	3 843.7

项　　目	年　份	2004	2005
环境退化成本	水/亿元	2 862.8	2 836.0
	废气/亿元	2 198.0	2 869.0
	固体废物/亿元	6.5	29.6
	污染事故/亿元	50.9	53.4
	合计/亿元	5 118.2	5 787.9
国内生产总值	行业合计/亿元	159 878.0	183 084.8
	地区合计/亿元	167 587.2	197 789.1
环境退化成本占地区生产总值的比例/%	行业合计/%	1.80	2.10
	地区合计/%	1.72	1.94
污染扣减指数		3.05	2.93

注：①本表实物量核算扣除一般工业固体废物和危险废物储存量和排放量之和外，其他均指排放量；
②由于 2005 年核算范围和核算基数有变化，本表 NO_x 和生活垃圾核算结果不可比；
③表中治理成本、环境退化成本，国内生产总值按当年价格计算；
④由于 2005 年核算范围、基数和口径有变化，本表分项治理成本和环境退化成本不可比。

第二部分
中国环境经济核算研究报告
2006（摘要版）

为了树立和落实全面、协调、可持续的发展观，建设资源节约型和环境友好型社会，环境保护部（原国家环境保护总局）和国家统计局于 2004 年 3 月联合启动了《中国绿色国民经济核算研究》项目，并于 2006 年开展了全国十个省市的绿色国民经济核算和污染损失评估调查试点工作。由环保部环境规划院（原国家环保总局环境规划院）和中国人民大学等单位的专家组成了项目技术组建立了环境经济核算框架的体系、完成了环境经济核算技术指南、开展了经环境污染调整的 GDP 核算，并指导地方开展试点调查和核算工作。

2006 年与 2005 年的核算范围、核算内容以及核算方法基本相同。2006 年的核算以环境统计和其他相关统计为依据，就 2006 年全国 31 个省市①和各产业部门的水污染、大气污染和固体废物污染的实物量和虚拟治理成本进行了全面核算，得出了经环境污染调整的 GDP 核算结果以及全国 30 个省市的环境退化成本及其占 GDP 的比例。经过 3 年的试点以及核算工作的开展，环境经济核算方法与技术体系不断完善，年度环境经济核算制度初步形成。

《研究报告》表明，2006 年的环境污染虚拟治理成本和环境退化成本占 GDP 的比例与上年基本持平，环境退化成本占地区合计 GDP 的 2.82%。但其绝对值呈上升趋势，2006 年利用污染损失法核算的环

---

① 核算未包含香港、澳门和台湾地区。东部地区包括：北京市、天津市、河北省、辽宁省、上海市、江苏省、浙江省、福建省、山东省、广东省、海南省；中部地区包括：山西省、吉林省、黑龙江省、安徽省、江西省、河南省、湖北省和湖南省；西部地区包括：内蒙古自治区、广西壮族自治区、重庆市、四川省、贵州省、云南省、西藏自治区、陕西省、甘肃省、青海省、宁夏回族自治区和新疆维吾尔自治区。

境退化成本为 6 507.7 亿元，比上年增加了 12.4%，说明 2006 年我国环境污染总体形势依然随经济的发展同步恶化，调整经济结构、转变经济增长方式的任务依然十分艰巨，落实科学发展观的道路仍然十分漫长。

1 核算方法与内容

2006 年的绿色国民经济核算内容由三部分组成：①环境污染实物量核算。运用实物单位建立不同层次的实物量账户，描述与经济活动对应的各类污染物的产生量、去除量（处理量）、排放量等，具体分为水污染、大气污染和固体废物实物量核算；②环境污染价值量核算。在环境污染实物量核算的基础上，运用两种方法估算各种污染排放造成的环境退化价值；③经环境污染调整的 GDP 核算。

环境污染实物量核算是以环境统计为基础，综合核算全口径的主要污染物产生量、削减量和排放量。核算口径较目前的统计数据更加全面，更能全面地反映主要环境污染物的排放情况。

采用治理成本法核算虚拟治理成本。虚拟治理成本是指目前排放到环境中的污染物按照现行的治理技术和水平全部治理所需要的支出。治理成本法核算虚拟治理成本的思路是：假设所有污染物都得到治理，则当年的环境退化不会发生。从数值上看，虚拟治理成本可以认为是环境退化价值的一种下限核算。

采用污染损失法核算环境退化成本。环境退化成本是指环境污染所带来的各种损害，如对农产品产量、人体健康、生态服务功能等的损害。这些损害需采用一定的定价技术，进行污染经济损失评估。与治理成本法相比，基于损害的污染损失估价方法更具合理性，是对污染损失成本更加科学和客观的评价。

本《报告》核算数据来源包括《中国环境统计年报 2006》、《中国统计年鉴2007》、《中国城市建设统计年报2006》、《中国卫生统计年鉴2007》、《中国乡镇企业年鉴2006》、《中国卫生服务调查研究——第三次国家卫生服务调查分析报告》和《中国畜牧业年鉴 2006》以及30 个省市的 2007 年度统计年鉴，环境质量数据由中国环境监测总站提供，农产品价格数据由国家发改委价格监测中心提供。

2 实物量核算结果

核算结果表明，2006 年全国废水排放量为 723.9 亿 t，COD 排放量为 2 344.7 万 t，氨氮排放量为 248.3 万 t；SO_2、烟尘、粉尘和氮氧化物排放总量分别为 2 680.6 万 t、1 088.8 万 t、808.4 万 t 和 2 173.2 万 t；工业固体废物排放量为 1 322.1 万 t，新增生活垃圾堆放量 7 896.1 万 t。

2.1 水污染实物量

（1）全国废水排放量比 2005 年略有增加，但工业废水排放量出现下降趋势。2006 年，全国废水排放量 723.9 亿 t，比 2005 年增加 11.1%。其中，工业废水排放量 240.2 亿 t，比 2005 年减少 1.2%；城市生活废水排放量 296.6 亿 t，比 2005 年增加 5.4%；第一产业废水排放量[①] 187.0 亿 t，由于种植业废水及其污染物核算方法有变，第一产业废水排放量比 2005 年增加较多。

2006 年，全国 COD 排放量 2 344.7 万 t，比 2005 年增加 6.8%，其中，工业比 2005 年减少 4.3%，城市生活 COD 排放量比 2005 年增加 3.2%，由于核算方法有变，第一产业 COD 排放量比 2005 年增加较多。

2006 年，全国氨氮排放量 248.3 万 t，比 2005 年增加 2.4%，其中，工业下降幅度较大，比 2005 年减少 18.8%，城市生活 NH_3-N 排放量比 2005 年增加 1.6%，由于核算方法有变，第一产业 NH_3-N 排放量比 2005 年增加较多。

（2）城市生活废水排放量高于农业和工业废水排放量。2006 年，城市生活废水排放量 296.6 亿 t，占全国废水排放量的 41.0%，同时，城市生活废水的 COD 和氨氮排放量也超过第一和第二产业，分别占 COD 和氨氮总排放量的 37.8% 和 39.8%。COD 排放量位居第二的是第二产业，占总排放量的 32.0%，氨氮排放量位居第二的是第一产业，占总排放量的 39.7%。

（3）中西部地区的废水处理水平亟待提高。2006 年，全国城市生活污水平均排放达标率 36.3%，比 2005 年提高 5.1%；城市生活污水排放达标率低于 15% 的省份从 2005 年的 8 个减少至 6 个，分别是江西、甘肃、贵州、吉林、广西和海南，除海南外均来自中西部地区。2006 年全国工业废水平均排放达标率 78.4%，在全国 31 个省市中，工业废水排放达标率低于 70% 的全部来自中西部地区，包括青海、新疆、宁夏、山西、贵州、内蒙古和甘肃。

2.2 大气污染实物量

（1）SO_2 和氮氧化物排放量比 2005 年略有增加，烟尘和粉尘出

---

① 到本报告计算截至日前，畜牧业 2006 年统计数据尚未公开发表，本报告畜禽养殖业废水和废水中污染物核算结果基于《中国畜牧业年鉴 2005》统计数据估算获得。

现下降趋势。2006 年，全国 SO_2 排放量 2 680.6 万 t，比 2005 年增加 112.1 万 t，增长了 4.4%。其中，第二产业 SO_2 排放量 2 434.6 万 t，比 2005 年增加 5.3%；城市生活 SO_2 排放量 102.2 万 t，比 2005 年下降 7.1%；第一产业 SO_2 排放量 143.7 万 t，比 2005 年下降 2.2%。

2006 年，全国烟尘排放量 1 088.8 万 t，比 2005 年减少 93.7 万 t，下降了 7.9%。其中，工业烟尘排放量 874.0 万 t，比 2005 年下降了 8.9%；城市生活烟尘排放量 89.3 万 t，比 2005 年下降了 6.6%；第一产业烟尘排放量 125.5 万 t，比 2005 年下降了 1.7%。

2006 年，全国工业粉尘排放量 808.4 万 t，比 2005 年减少 102.8 万 t，下降了 11.3%。

2006 年，全国氮氧化物排放量 2 173.2 万 t，比 2005 年增加 236.1 万 t，增长了 12.2%。其中，工业氮氧化物排放量 1 628.3 万 t，比 2005 年增长了 13.5%；城市生活氮氧化物排放量 504.3 万 t，比 2005 年增加 6.7%；第一产业氮氧化物排放量 40.7 万 t，比 2005 年增加了 10.9 万 t。

（2）第二产业的大气污染物治理任务依然艰巨。2006 年，第二产业 SO_2 排放量 2 434.6 万 t，占全国排放量的 90.8%；第一产业 SO_2 排放量占全国排放量的 5.4%，城市生活 SO_2 排放量占全国排放量的 3.8%；第二产业烟尘的排放量占全国烟尘总排放量的 80.3%，第二产业 NO_x 的排放量占全国 NO_x 总排放量的 74.9%。

电力行业的 SO_2、烟尘和 NO_x 排放量分别占第二产业 SO_2、烟尘和 NO_x 排放量的 62.8%、49.2% 和 64.0%，电力行业依然是大气污染治理的主要行业。

（3）北方省份大气污染物排放量大，治理任务艰巨。2006 年，SO_2 排放量最大的 5 个省依次为山东、河南、内蒙古、河北和山西，除山东外，其他 4 个省的 SO_2 去除率都低于全国平均水平 37.8%，治理任务非常艰巨；烟尘排放量最大的 5 个省依次为山西、河南、河北、辽宁和内蒙古，都集中在北方地区；粉尘排放量最大的 5 个省分别是湖南、河北、山西、河南和广西。总体来看，大气污染物排放量大的省份治理水平较低，治理任务艰巨。

2.3 固体废物实物量

（1）一般工业固体废物产生量增加，但处置利用率也显著提高。2006 年，全国一般工业固体废物产生量 15.2 亿 t，比 2005 年增加

1.9 亿 t，增长了 13.9%。2006 年一般工业固体废物的处置利用率达到 89.4%，比 2005 年增加 9.8%。2006 年一般工业固体废物利用量 9.3 亿 t，其中利用当年废物量为 8.5 亿 t，处置量 4.3 亿 t，储存量 2.2 亿 t，排放量 0.13 亿 t。一般工业固体废物储存排放量列前 5 位的行业为电力、黑色和有色矿采选业、煤炭采选和化工行业，这 5 个行业的储存排放量占总储存排放量的 83.8%；一般工业固体废物储存排放量排前 5 位的省依次为河北、内蒙古、辽宁、云南和山西，这 5 个省的储存排放量占总储存排放量的 44.3%。

（2）危险废物处置利用率提高，但排放量增加。2006 年，全国危险废物产生量 1 084.0 万 t，比 2005 年减少 78.0 万 t，减少了 6.7%。2006 年危险废物处置利用率 78.9%，比 2005 年增加 7.9%。2006 年危险废物利用量 566.0 万 t，其中利用当年废物量为 508.0 万 t；处置量 289.3 万 t，比 2005 年减少 49.7 万 t；储存量 266.8 万 t，比 2005 年减少 70.5 万 t；排放量 20.0 万 t，比 2005 年增加 19.4 万 t，增量主要来自贵州省的黑色金属矿采选业。

（3）生活垃圾处理率不升反降。2006 年，我国的城市生活垃圾产生总量为 1.88 亿 t，其中，清运量 1.48 亿 t，处理量 1.10 亿 t，新增堆放量 0.79 亿 t。2006 年城市生活垃圾平均无害化处理率[①]41.8%，处理率 58.2%，无害化处理率和处理率分别比 2005 年降低 1.4% 和 9.2%。

城市生活垃圾新增堆放量最大的 5 个省分别是广东、黑龙江、安徽、河南和山西，占总新增堆放量的 41.5%，这 5 个省的生活垃圾处理率和无害化处理率都低于全国平均水平。无害化处理率最高的是北京市，达到了 88.9%，其次为浙江、江苏和青海，在 65% 以上；西藏、甘肃、山西、吉林和安徽的无害化处理率低于 20%，无害化处理水平有待提高。

3　虚拟治理成本核算结果

2006 年，全国虚拟治理成本 4 112.6 亿元，比 2005 年增加了 268.9 亿元。其中，水污染、大气污染、固体废物污染虚拟治理成本分别为 2 143.8 亿元、1 821.5 亿元和 147.3 亿元，其中，水污染和大气污染分别比 2005 年增加了 2.9% 和 13.1%，固体废物污染比 2005 年降低

---

① 本报告无害化处理率指城市生活垃圾无害化处理量与产生量的百分比。

了 0.9%。2006 年全国虚拟治理成本占全国行业合计 GDP 的比例为 2.0%，比 2005 年降低 0.1%。

3.1　水污染治理成本

（1）废水治理投入加大，虚拟与实际治理成本的比例下降。2006 年，全国行业合计 GDP（生产法）为 183 085 亿元，废水实际治理成本为 562.0 亿元，占 GDP 的比重从 2005 年的 0.22%提高至 0.27%；全国废水虚拟治理成本为 2 143.8 亿元，占 GDP 的 1.02%。废水虚拟治理成本与实际治理成本的比值从 2005 年的 5.2 降至 3.8。

（2）第二产业占治理成本比例大，食品加工等行业的治理投入严重不足。2006 年，工业废水实际治理成本约占总废水实际治理成本的 73.5%，工业废水虚拟治理成本占总废水虚拟治理成本的 55.7%。在 38 个工业行业中，实际治理成本列前 5 位的分别是化工、黑色冶金、造纸、石化和纺织行业，5 个行业的实际治理成本为 207.4 亿元，比 2005 年增加 48.0 亿元，占工业废水总实际治理成本的 50.2%；虚拟治理成本列前 5 位的分别是造纸、食品加工、化工、纺织和饮料制造业，5 个行业的虚拟治理成本约占工业废水虚拟治理成本的 72.0%，其中，食品加工、造纸和饮料制造业的治理投入严重不足，这 3 个行业虚拟治理成本与实际治理成本的比值高达 13.4、10.4 和 9.4。

（3）西部治理投入大幅增加，但中西部地区投入不足的状况没有根本改变。2006 年，废水总治理成本 2 705.8 亿元。东部地区的实际废水治理成本最高，为 331.6 亿元，仅江苏、浙江、山东和广东 4 个省的实际治理成本就占全国总量的 38.9%。中部和西部地区的废水实际治理成本分别为 121.4 亿元和 109.0 亿元，其中西部地区比 2005 年增加 79.9%；东、中和西部地区的废水虚拟治理成本分别为 825.7 亿元、661.8 亿元和 656.3 亿元，虚拟治理成本和实际治理成本的比值分别为 0.65、5.45 和 6.02，中西部地区远滞后于东部地区。

3.2　大气污染治理成本

（1）废气实际治理投入高于废水，虚拟与实际治理成本比值低于废水。2006 年，全国的废气实际治理成本为 1 046.2 亿元，占当年行业合计 GDP 的 0.50%，比 2005 年提高 0.04%；全国废气虚拟治理成本为 1 821.5 亿元，占当年行业合计 GDP 的 0.86%。大气污染虚拟治理成本是实际治理成本的 1.74 倍，治理投入缺口远小于废水。

（2）生活废气实际治理成本高于工业，电力行业仍然是工业治理重点。2006 年，生活和工业废气实际治理成本分别为 546.2 亿元和 500.0 亿元，生活废气的实际治理成本高于工业废气实际治理成本。在工业行业中，几乎所有行业的大气虚拟治理成本都高于实际处理成本，说明工业废气污染治理的缺口仍然很大。2006 年工业废气污染总虚拟治理成本 945.3 亿元，其中电力行业虚拟治理成本为 604.5 亿元，占工业总虚拟治理成本的 63.9%，是工业大气污染治理的重点。

（3）东部地区的大气实际和虚拟治理成本较高，大气污染治理任务重。2006 年，大气污染总治理成本 2 867.8 亿元。东、中、西部 3 个地区的大气实际治理成本分别为 612.7 亿元、238.5 亿元和 195.1 亿元；东、中和西部地区的大气污染虚拟治理成本分别为 807.8 亿元、525.8 亿元和 487.8 亿元，因此，东部地区的大气污染治理任务明显大于中、西部地区。虚拟治理成本超过总废气治理成本 75% 的省份有贵州、西藏、陕西、广西、青海、内蒙古、湖南，这些地区的城市燃气普及率水平需要进一步提高。

3.3 固体废物治理成本

2006 年，全国固体废物治理成本为 396.6 亿元；其中，实际治理成本为 249.3 亿元，占当年行业合计 GDP 的 0.12%；虚拟治理成本为 147.3 亿元，占 GDP 的 0.07%。固体废物虚拟治理成本是实际治理成本的 0.59 倍，比 2005 年降低 13.2%，说明固体废物的治理投入得到进一步加大。

2006 年，全国工业固体废物实际治理成本为 170.4 亿元，占总治理成本的 63.7%；虚拟治理成本 97.2 亿元，占总治理成本的 36.3%，比 2005 年下降 6.8%；全国城市生活垃圾实际治理成本为 78.9 亿元，占总成本的 61.2%；虚拟治理成本为 50.0 亿元，占总成本的 38.8%，比 2005 年提高 3.2%，说明生活垃圾投入距离生活垃圾处理需要的差距较大。

2006 年，东、中、西部 3 个地区的实际治理成本分别为 108.4 亿元、59.8 亿元和 81.1 亿元，辽宁省的固体废物实际治理成本最高，为 24.3 亿元，占全国总量的 9.7%；东、中、西部 3 个地区的虚拟治理成本分别为 42.0 亿元、33.0 亿元和 72.2 亿元，分别占全国总虚拟治理成本的 21.6%、15.7% 和 62.7%。

3.4 虚拟治理成本综合分析

（1）环境污染治理投入总体增加，但仍然不足。2006 年，环境污染实际和虚拟治理总成本为 5 970.1 亿元，实际治理成本占 31.1%，该比例比 2005 年提高 4%。其中，水污染、大气污染和固体废物污染实际和虚拟治理总成本分别为 2 705.8 亿元、2 867.8 亿元和 396.6 亿元，分别占实际和虚拟治理总成本的 45.3%、48.0%和 6.6%，与 2005 年相比，废水所占比例降低 1.6%，废气提高 1.8%，固体废物所占比例与 2005 年基本持平。

2006 年，环境污染的实际治理成本是 1 857.6 亿元，其中，水污染、大气污染、固体废物污染实际治理成本分别是 562.0 亿元、1 046.2 亿元和 249.3 亿元，分别占总实际治理成本的 30.3%、56.3%和 13.4%；虚拟治理成本为 4 112.6 亿元，其中，水污染、大气污染和固体废物污染虚拟治理成本分别为 2 143.8 亿元、1 821.5 亿元、147.3 亿元，分别占总虚拟治理成本的 52.1%、44.3%和 3.6%。废水虚拟治理成本占废水总治理成本的 79.2%，虽然比 2005 年降低 4.7%，但废水治理的缺口仍然较大。

（2）城市生活废水治理投入增加，但工业和生活污染治理任务依然艰巨。2006 年，城市生活废水的实际治理成本为 79.2 亿元，比 2005 年增加 126.3%，但 2006 年城市生活污水处理率也仅有 32.3%，与城市大气污染治理相比，城市生活废水治理投入严重不足，只有废气治理投入的 14.5%。因此，城市污染治理投入的主要压力来自城市生活废水。2006 年，第二产业污染虚拟治理成本为 2 237.1 亿元，是实际治理成本的 2.1 倍，其中第二产业废水治理的缺口最大，还需要投入 1 194.6 亿元，占第二产业总虚拟治理成本的 53.4%；第二产业大气污染的虚拟治理成本低于废水，为 945.3 亿元，占总虚拟治理成本的 42.3%。因此，工业和生活污染的治理任务依然非常艰巨。

（3）电力行业治理投入大，主要废水排放行业治理缺口大。2006 年，在 39 个工业行业中，治理成本最高的是电力行业，达到 938.1 亿元，占总工业治理成本的 28.8%，同时其实际和虚拟治理成本都列各行业之首，分别占总实际和虚拟治理成本的 29.1%和 28.7%。列总治理成本第 2～5 位的分别是造纸、化工、黑色冶金和食品加工业，其中，食品加工和造纸行业的虚拟治理成本是实际治理成本的 12.1 倍和 9.2 倍，此外，饮料制造和食品制造业的该比例也分别高达 8.6

和 7.8，主要废水排放行业的治理缺口远大于主要废气排放行业。

（4）西部地区污染治理投入加大，东部地区治理投入缺口最大。2006 年，东、中、西 3 个地区的实际治理成本分别为 1 052.7 亿元、419.7 亿元和 385.2 亿元，分别比 2005 年增加 28.0%、21.8%和 34.6%，西部地区的污染治理投入明显加大。东、中、西 3 个地区的虚拟治理成本分别为 1 675.6 亿元、1 220.7 亿元和 1 216.3 亿元，3 个地区虚拟治理成本与实际治理成本的比值分别由 2005 年的 1.9、3.3 和 3.9 下降至 1.6、2.9 和 3.2，西部地区的下降幅度高于东部和中部地区，但西部地区的治理投入缺口仍然是最大的。从各地区虚拟治理成本占总虚拟治理成本的比例来看，东、中、西部 3 个地区分别占 40.7%、29.7%和 29.6%，东部地区的污染治理投入缺口绝对量仍然是最大的。3 个地区环境污染实际和虚拟治理成本如图 2-1 所示。

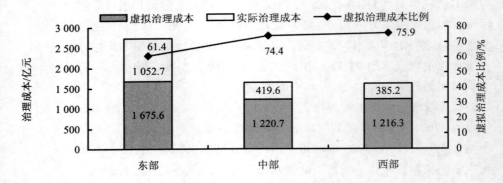

图 2-1　地区污染实际和虚拟治理成本比较

4　环境退化成本核算结果

2006 年，利用污染损失法核算的环境退化成本 6 507.7 亿元，占地区合计 GDP 的 2.82%。在环境退化成本中，水污染、大气污染、固体废物污染和污染事故造成的环境退化成本分别为 3 387.0 亿元、3 051.0 亿元、29.6 亿元和 40.2 亿元，分别占总退化成本的 52.0%、46.9%、0.5%和 0.6%。

4.1　水环境退化成本

2006 年，水污染造成的环境退化成本为 3 387.0 亿元，占总环境退化成本的 52.0%，比 2005 年增加 3.0%，占 2006 年地区合计 GDP

的 1.47%，其中，水污染对农村居民健康造成的损失为 210.7 亿元，污染型缺水造成的损失为 1 923.9 亿元，水污染造成的工业用水额外治理成本为 376.8 亿元，水污染对农业生产造成的损失为 486.4 亿元，水污染造成的城市生活用水额外治理和防护成本为 389.2 亿元。

2006 年，东、中、西部 3 个地区的废水环境退化成本分别为 1 692.1 亿元、881.6 亿元和 813.3 亿元，分别比 2005 年增加 17.3%、6.7% 和 43.3%，西部地区的环境退化成本增幅较大。东部地区的废水环境退化成本最高，占废水总环境退化成本的 50.0%，占东部地区 GDP 的 1.2%；中部和西部地区的废水环境退化成本分别占废水总环境退化成本的 26.0% 和 24.0%，分别占地区 GDP 的 1.6% 和 2.0%，东中部地区水环境退化成本占地区 GDP 的比例分别比 2005 年降低 0.2% 和 0.5%，西部地区与 2005 年基本持平。

4.2　大气环境退化成本

2006 年，大气污染造成的环境退化成本为 3 051.0 亿元，占总环境退化成本的 46.9%，占当年地区合计 GDP 的 1.32%，其中，大气污染造成的城市居民健康损失为 1 873.0 亿元，农业减产损失为 616.9 亿元，材料损失为 144.7 亿元，造成的额外清洁费用为 416.4 亿元，其中，除农业减产损失比 2005 年减少 28.5 亿元外，其他损失项均小幅增加。

2006 年，东、中、西部 3 个地区的大气环境退化成本分别为 1 744.0 亿元、726.9 亿元和 580.1 亿元。大气环境退化成本最高的仍然是东部地区，占大气总环境退化成本的 57.2%，占东部地区 GDP 的 1.3%；中部和西部地区的大气环境退化成本分别占大气总环境退化成本的 23.8% 和 19.0%，这两个地区的大气环境退化成本分别占地区 GDP 的 1.4% 和 1.5%，大气环境退化成本占地区 GDP 的比例（1.8%）总体呈下降趋势，即大气污染造成的损失增速小于 GDP 增速。

4.3　固体废物污染退化成本

2006 年，全国工业固体废物侵占土地约新增 8 289.2 万 m^2，丧失土地的机会成本约为 19.5 亿元。生活垃圾侵占土地约新增 3 955.7 万 m^2，丧失的土地机会成本约为 9.8 亿元。两项合计，2006 年全国固体废物污染造成的环境退化成本为 29.3 亿元，占总环境退化成本的 0.45%，占当年地区合计 GDP 的 0.01%。

165

2006 年，东、中、西部 3 个地区的固体废物环境退化成本分别为 10.5 亿元、6.9 亿元和 12.1 亿元。固体废物环境退化成本最高的是西部地区，占总固体废物环境退化成本的 41.1%，其次为东部和中部地区，分别占总固体废物环境退化成本的 35.5% 和 23.4%，东、中、西部 3 个地区的固体废物环境退化成本分别占地区 GDP 的 0.01%、0.01% 和 0.03%。

4.4 环境污染事故经济损失

2006 年，全国共发生环境污染与破坏事故 8 421 406 起，事故造成的直接经济损失为 1.35 亿元，事故数量比 2005 年减少 564 起，但造成的损失比 2005 年增加 0.3 亿元。根据 2006 年《中国渔业生态环境状况公报》，2006 年全国共发生渔业污染事故 1 463 次，造成直接经济损失[①]2.43 亿元，环境污染事故造成的天然渔业资源经济损失 36.4 亿元。两项合计，2006 年全国环境污染与破坏事故造成的损失成本为 40.2 亿元，比 2005 年减少 13.2 亿元。环境污染事故退化成本占总环境退化成本的 0.62%，占当年地区合计 GDP 的 0.02%。

4.5 环境退化成本综合分析

（1）环境退化成本总量分析。2006 年，利用污染损失法核算的环境退化成本为 6 507.7 亿元，比 2005 年增加 719.8 亿元，增长了 12.4%，2006 年环境退化成本占地区合计 GDP 的 2.82%。在环境退化成本中，水污染、大气污染、固体废物污染和污染事故造成的环境退化成本分别为 3 387.0 亿元、3 051.0 亿元、29.6 亿元和 40.2 亿元，分别占总退化成本的 52.0%、46.9%、0.5% 和 0.6%。

（2）地区环境退化成本分析。2006 年，不计污染事故损失的环境退化成本为 6 468.9 亿元。东、中、西部 3 个地区的环境退化成本分别为 3 446.9 亿元、1 615.6 亿元和 1 406.3 亿元，分别占总环境退化成本的 53.3%、25.0% 和 21.7%。各地区的环境退化成本及其占各地区 GDP 的比例如图 2-2 所示。从图中可以看出，中部和西部地区环境退化成本占地区 GDP 的比例高于东部地区。

2006 年，环境退化成本占 GDP 比例最高的 5 个省区分别为宁夏（9.91%）、青海（9.38%）、甘肃（5.34%）、河北（3.91%）和陕西（3.84%），

[①] 未包括长岛海域油污染经济损失。

比例最低的 5 个省依次是海南（1.34%）、湖北（1.95%）、新疆（1.96%）、山东（1.96%）和福建（2.10%）。核算表明，西部地区不但经济总量与东部地区的差距在扩大，而且环境退化的相对差距也在扩大。在没有计入森林和草地退化等生态破坏损失的情况下，大多数中部和西部省市，特别是西北省份的环境退化程度就已经高于东部省份；核算还表明，由于受经济发展水平的制约，西部地区的环境污染治理投入能力也普遍低于全国平均水平。

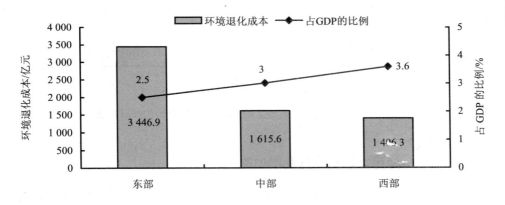

图 2-2　地区环境退化成本及其占各地区 GDP 的比例

5　经环境污染调整的 GDP 核算

5.1　经污染调整的 GDP 总量

2006 年，全国行业合计 GDP（生产法）为 210 871.0 亿元，虚拟治理成本为 4 112.6 亿元，GDP 污染扣减指数为 2.0%，即虚拟治理成本占全国 GDP 的比例为 2.0%，与 2005 年的污染扣减指数 2.1% 相比，下降了 0.1%。

5.2　经污染调整的地区生产总值

2006 年，东、中、西部 3 个地区的 GDP 污染扣减指数分别为 1.22%、2.27% 和 3.08%，与 2005 年相比，都有所下降。各地区 GDP 和 GDP 污染扣减指数如图 2-3 所示。核算说明，西部地区的经济水平和污染治理水平仍然较低。在 30 个省市中，GDP 污染扣减指数列前 5 位的分别是宁夏（6.36%）、青海（5.65%）、广西（4.96%）、山西（3.54%）和贵州（3.53%），列后位的 5 个省市依次是上海（0.54%）、北京（0.54%）、广东（0.94%）、天津（0.96%）和浙江（1.0%）。

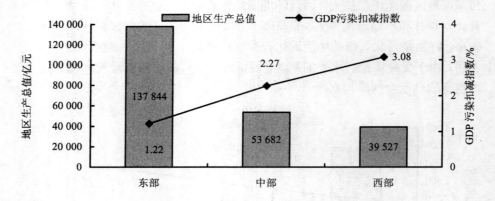

图 2-3　各地区的 GDP 及 GDP 污染扣减指数

5.3　经污染调整的行业增加值

（1）三大产业部门。2006 年，从经环境污染调整的 GDP 产业部门核算结果来看，第一产业部门虚拟治理成本为 366.3 亿元，增加值污染扣减指数为 1.48%；第二产业虚拟治理成本为 2 237.1 亿元，增加值污染扣减指数为 2.17%；第三产业虚拟治理成本为 1 509.2 元，增加值污染扣减指数为 1.82%。三大产业虚拟治理成本及占其增加值的比例如图 2-4 所示。

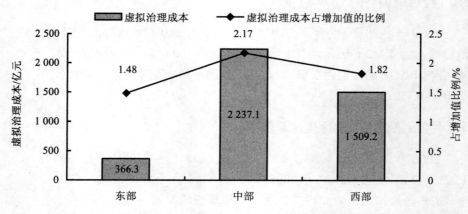

图 2-4　三大产业虚拟治理成本及其占增加值的比例

（2）39 个工业行业。核算表明，2006 年造纸、电力、采矿、饮料制造、食品加工与制造、化工、冶金等高污染、高耗能行业依然在快速增长，这些行业仍然高居污染扣减指数的前列。从各工业行业来看，增加值污染扣减指数最低的行业是烟草制品业，扣减指数为 0.04%；其次为自来水生产供应业、电气机械业和通信计算机设备制造业，扣减指数分别为 0.05% 和 0.06%，这些行业的环境污染程度相对较小。增加值污染扣减指数最高的 3 个行业分别是造纸、电力和有色金属矿采选业，分别为 28.6%、9.1% 和 6.1%，其中虽然造纸和有色矿分别比 2005 年降低 3.5% 和 4.7%，但这些行业经济与环境效益比低、污染严重的状况没有改变。39 个行业的污染扣减指数如图 2-5 所示。

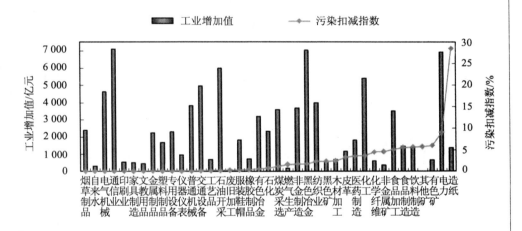

图 2-5　39 个工业行业增加值及其污染扣减指数

附录

附录 1　2004—2006 年核算结果比较

项目		年份	2004	2005	2006
实物量核算	水	废水/亿 t	607.2	651.3	723.9
		COD/万 t	2 109.3	2 195.0	2 345
		氨氮/万 t	223.2	242.5	248.3
	大气	SO_2/万 t	2 450.2	2 568.5	2 680.6
		烟尘/万 t	1 095.5	1 182.5	1 088.8
		工业粉尘/万 t	905.1	911.2	808.4
		NO_x/万 t	1 646.6	1 937.1	2 173.2
	固体废物	一般工业固体废物/万 t	27 428.5	27 108.2	23 414.3
		危险废物/万 t	344.4	337.9	286.8
		生活垃圾/万 t	6 667.5	6 029.6	7 896.1
治理成本	实际治理成本	废水/亿元	344.4	400.7	562.0
		废气/亿元	478.2	835.0	1 046.2
		固体废物/亿元	182.7	217.3	195.1
		合计/亿元	1 005.3	1 453.0	1 803.4
	虚拟治理成本	废水/亿元	1 808.7	2 084.0	2 143.8
		废气/亿元	922.3	1 610.9	1 821.5
		固体废物/亿元	143.5	148.7	147.3
		合计/亿元	2 874.4	3 843.7	4 112.6
环境退化成本		水/亿元	2 862.8	2 836.0	3 387
		废气/亿元	2 198.0	2 869.0	3 051
		固体废物/亿元	6.5	29.6	29.6
		污染事故/亿元	50.9	53.4	40.2
		合计/亿元	5 118.2	5 787.9	6 507.7

年　份 项　目		2004	2005	2006
国内生产总值	行业合计/亿元	159 878.0	183 084.8	210 871
	地区合计/亿元	167 587.2	197 789.1	231 053.3
污染扣减指数	行业合计/%	1.80	2.10	2.00
	地区合计/%	1.72	1.94	1.78
环境退化成本占地区合计 GDP 的比例/%		3.05	2.93	2.82

注：①本表实物量核算除一般工业固体废物和危险废物指储存量和排放量之和外，其他均
　　指排放量；
　　②由于 2005 年核算范围和核算基数有变化，本表 NOₓ 和生活垃圾核算结果不可比；

（修正）②由于 2005 年核算范围和核算基数有变化，本表 NO_x 和生活垃圾核算结果不可比；
　　③表中治理成本、环境退化成本、国内生产总值按当年价格计算；
　　④由于 2005 年核算范围、基数和口径与 2004 年相比有所变化，本表 2005 年和 2006
　　年分项治理成本和环境退化成本与 2004 年不可比；2006 年种植业污染物和废水核
　　算方法有所变化，因此，2006 年废水和污染物实物量核算结果与 2005 年和 2004 年
　　不可比。

附录2　术语解释

1．实物量核算

就环境主题来说，绿色国民经济核算包含两个层次：一是实物量核算，二是价值量核算。实物量核算，是在国民经济核算框架基础上，运用实物单位（物理量单位）建立不同层次的实物量账户，描述与经济活动对应的各类污染物的产生量、去除量（处理量）、排放量等。

2．价值量核算

价值量核算是在实物量核算的基础上，估算各种环境污染和生态破坏造成的货币价值损失。环境污染价值量核算包括污染物虚拟治理成本和环境退化成本核算，分别采用治理成本法和污染损失法。主要包括以下方面：各地区的水污染、大气污染、工业固体废物污染、城市生活垃圾污染和污染事故经济损失核算；各部门的水污染、大气污染、工业固体废物污染和污染事故经济损失核算。

3．治理成本法

污染治理成本法与污染损失法是计算环境价值量的两种方法。在 SEEA 框架中，治理成本法主要是指基于成本的估价方法，从"防护"的角度，计算为避免环境污染所支付的成本。污染治理成本法核算虚

171

拟治理成本的思路相对简单，即如果所有污染物都得到治理，则环境退化不会发生，因此，已经发生的环境退化的经济价值应为治理所有污染物所需的成本。污染治理成本法的特点在于其价值核算过程的简洁、容易理解和较强的实际操作性。污染治理成本法核算的环境价值包括两部分，一是环境污染实际治理成本，二是环境污染虚拟治理成本。

4．污染损失法

在 SEEA 框架中，污染损失法是指基于损害的环境价值评估方法。这种方法借助一定的技术手段和污染损失调查，计算环境污染所带来的种种损害，如：对农产品产量和人体健康等的影响，采用一定的定价技术，进行污染经济损失评估。目前定价方法主要有人力资本法、旅行费用法、支付意愿法等。与治理成本法相比，基于损害的估价方法（污染损失法）更具合理性，体现了污染的危害性。

5．实际治理成本

污染实际治理成本是指目前已经发生的治理成本，包括污染治理过程中的固定资产折旧、药剂费、人工费、电费等运行费用。

6．虚拟治理成本

虚拟治理成本是指目前排放到环境中的污染物按照现行的治理技术和水平全部治理所需要的支出。虚拟治理成本不同于环境污染治理投资，是当年环境保护支出（运行费用）的概念，可以从 GDP 中扣减。采用治理成本法计算获得。

7．环境退化成本

通过污染损失法核算的环境退化价值称为环境退化成本，它是指在目前的治理水平下，生产和消费过程中所排放的污染物对环境功能、人体健康、作物产量等造成的种种损害。环境退化成本又被称为污染损失成本。

8．绿色国民经济核算

绿色国民经济核算，通常所说的绿色 GDP 核算，包括资源核算和环境核算，旨在以原有国民经济核算体系为基础，将资源环境因素纳入其中，通过核算描述资源环境与经济之间的关系，提供系统的核算数据，为可持续发展的分析、决策和评价提供依据。

9. 绿色国民经济核算体系/资源环境经济核算体系/综合环境经济核算体系

绿色国民经济核算体系，又称资源环境经济核算体系、综合环境经济核算体系，是关于绿色国民经济核算的一整套理论方法。为了把环境因素并入经济分析，联合国在 SNA—1993 中心框架基础上建立了综合环境经济核算体系（Integrated Environmental and Economic Accounting，SEEA）作为 SNA 的附属账户（又称卫星账户），1993 年公布了 SEEA 临时版本，2000 年公布了 SEEA 操作手册，目前 SEEA—2003 版本也已正式公布。随后，UNSD 相继发布了 SEEA—2008 和 SEEA—2012 版本。

10. 环境污染核算

环境污染核算是绿色国民经济核算的一部分。绿色国民经济核算包括自然资源核算与环境核算，其中环境核算又包括环境污染核算和生态破坏核算。环境污染核算，主要包括废水、废气和固体废物污染的实物量核算与价值量核算。

11. 经环境污染调整的 GDP 核算

经环境调整的 GDP 核算，就是把经济活动的环境成本，包括环境退化成本和生态破坏成本从 GDP 中予以扣除，并进行调整，从而得出一组以"经环境调整的国内产出"（Environmentally Adjusted Domestic Product，EDP）为中心的综合性指标。

12. 绿色 GDP

联合国统计署正式出版的《综合环境经济核算手册》首次正式提出了"绿色 GDP"的概念。在理论上，绿色 GDP=GDP－固定资产折旧－资源环境成本=NDP－资源环境成本，其中 NDP 是国内生产净值。在本研究中，考虑到在实际应用方面，GDP 远比 NDP 更为普及，因此采用了绿色GDP与GDP相对应的总值概念，即绿色GDP=GDP－环境成本－资源消耗成本。简单地说，绿色 GDP 就是传统 GDP 扣减掉资源消耗成本和环境损失成本调整后的 GDP。

致谢

本报告由环境保护部环境规划院牵头完成，由《中国环境经济核算研究报告 2005》和《中国环境经济核算研究报告 2006》组合而成。相关数据主要由中国环境监测总站和国家统计局提供，《中国绿色国民经济核算体系》研究单位还包括清华大学环境学院、中国人民大学和环境保护部环境与经济政策研究中心。

感谢中国科学院牛文元教授、环境保护部金鉴明院士、世界银行高级环境专家谢剑博士、世界银行驻中国代表处 Andres Liebenthal 主任、联合国环境署盛馥来博士、北京大学雷明教授、挪威经济研究中心（ECON）Hakkon Vennemo 研究员、美国哥伦比亚大学 Perter Bartelmus 教授、加拿大阿尔伯特大学 Mark Anielski 教授、意大利 FEEM 研究中心 Giorgio Vicini 研究员等专家对中国绿色国民经济核算方法体系提出的真知灼见。

感谢全国人大环境与资源保护委员会、全国政协人口资源环境委员会、环境保护部对外环境保护经济合作中心、国家统计局工业交通统计司、国家统计局社会科技统计司、水利部水利水电规划设计总院、卫生部疾病预防控制中心等单位对中国环境经济核算研究提供的帮助；感谢财政部、科技部和世界银行意大利信托资金对中国绿色国民经济核算研究给予的资金和项目支持。

特别感谢北京、天津、河北、辽宁、安徽、浙江、广东、海南、重庆、四川 10 个试点省市人民政府、环境保护厅局和统计局对 2005 年试点省市绿色国民经济核算与环境污染经济损失调查工作给予的大力支持，感谢 10 个试点省市相关研究和调查组织人员为中国绿色国民经济核算研究付出的辛勤劳动以及提出的建议和意见。

感谢对中国绿色国民经济核算研究曾经给予关心、指导和帮助的所有人！